PowerPoint 2019

从入门到精通

移动学习版

韩鸿雪 编著

人民邮电出版社

北京

图书在版编目（CIP）数据

PowerPoint 2019从入门到精通 : 移动学习版 / 韩
鸿雪 编著. -- 北京 : 人民邮电出版社, 2019.8
ISBN 978-7-115-51114-0

Ⅰ. ①P… Ⅱ. ①韩… Ⅲ. ①图形软件 Ⅳ.
①TP391.412

中国版本图书馆CIP数据核字(2019)第098292号

内 容 提 要

本书以案例教学的方式为读者系统地介绍了 PowerPoint 2019 的相关知识和应用技巧。
全书共 14 章。第 1 章主要介绍 PowerPoint 2019 的基本操作；第 2～4 章主要介绍图片、图表、动画及切换效果的使用方法；第 5～6 章主要介绍多媒体元素、超链接及动作的使用方法；第 7～9 章主要介绍演示文稿的播放、打印以及模板与母版的使用方法等；第 10～12 章主要介绍演示文稿在工作中的实战案例，包括实用型演示文稿、报告型演示文稿及展示型演示文稿等；第 13～14 章主要介绍 Office 2019 的协作与保护以及使用手机移动办公等。

本书附赠与图书内容同步的视频教程及案例的配套素材和结果文件。此外，还赠送了大量相关学习内容的视频教程及扩展学习电子书等。

本书不仅适合 PowerPoint 2019 的初、中级用户学习使用，也可以作为各类院校相关专业学生和计算机培训班学员的教材或辅导用书。

◆ 编　著　韩鸿雪
　　责任编辑　张　翼
　　责任印制　马振武

◆ 人民邮电出版社出版发行　　北京市丰台区成寿寺路 11 号
　　邮编　100164　　电子邮件　315@ptpress.com.cn
　　网址　http://www.ptpress.com.cn
　　三河市君旺印务有限公司印刷

◆ 开本：700×1000　1/16
　　印张：20　　　　　　　　　　　　　2019 年 8 月第 1 版
　　字数：430 千字　　　　　　　　　　2025 年 1 月河北第 12 次印刷

定价：49.80 元

读者服务热线：(010)81055410　印装质量热线：(010)81055316
反盗版热线：(010)81055315
广告经营许可证：京东市监广登字 20170147 号

Preface 前言

在信息技术飞速发展的今天，计算机已经走入了人们工作、学习和日常生活的各个领域，而计算机的操作水平也成为衡量一个人综合素质的重要标准之一。为满足广大读者的学习需求，我们针对当前计算机应用的特点，组织多位相关领域专家、国家重点学科教授及计算机培训教师，精心编写了这套"从入门到精通"系列图书。

写作特色

从零开始，快速上手

无论读者是否接触过 PowerPoint 2019，都能从本书获益，快速掌握软件操作方法。

面向实际，精选案例

全书内容均以真实案例为主线，在此基础上适当扩展知识点，真正实现学以致用。

全彩展示，一步一图

本书通过全彩排版，有效突出了重点、难点。所有实例的每一步操作，均配有对应的插图和注释，以便读者在学习过程中能够直观、清晰地看到操作过程和效果，提高学习效率。

单双混排，超大容量

本书采用单、双栏混排的形式，大大扩充了信息容量，在有限的篇幅中为读者奉送了更多的知识和实战案例。

高手支招，举一反三

本书大多数章节有两个特色栏目。其中，"高手私房菜"提炼了各种高级操作技巧，而"举一反三"则为知识点的扩展应用提供了思路。

视频教程，手册辅助

本书配套的视频教程内容与书中的知识点紧密结合并相互补充，帮助读者体验实际应用环境，并借此掌握日常所需的技能和各种问题的处理方法，达到学以致用的目的。

视频教程

全程同步视频教程

视频教程涵盖本书所有知识点，详细讲解每个实战案例的操作过程及关键步骤，帮助读者更轻松地掌握书中所有的知识内容和操作技巧。

超值学习资源

本书还额外赠送了大量相关学习内容的视频教程、扩展学习电子书及本书所有案例的配套素材和结果文件等，以方便读者扩展学习。

二维码视频教程学习方法

为了方便读者学习，本书以二维码的方式提供了大量视频教程。读者使用手机上的微信、QQ等软件的"扫一扫"功能扫描二维码，即可通过手机观看视频教程。

 创作团队

本书由韩鸿雪编著。在本书的编写过程中，我们竭尽所能地将实用的内容呈现给读者，但书中也难免有疏漏和不妥之处，敬请广大读者不吝指正。读者在学习过程中有任何疑问或建议，可发送电子邮件至 zhangtianyi@ptpress.com.cn。

编 者

Contents 目录

赠送资源

赠送资源 1　Windows 10 操作系统安装视频教程

赠送资源 2　9 小时 Windows 10 视频教程

赠送资源 3　移动办公技巧手册

赠送资源 4　2000 个 Word 精选文档模板

赠送资源 5　1800 个 Excel 典型表格模板

赠送资源 6　1500 个 PPT 精美演示模板

赠送资源 7　Office 快捷键查询手册

赠送资源 8　电脑维护与故障处理技巧查询手册

第 1 章

PowerPoint 2019 的基本操作——制作"工作岗位竞聘 PPT"演示文稿

本章视频教学时间 / 44 分钟

🎧 重点导读

PowerPoint 2019 是微软公司推出的 Office 2019 办公系列软件的重要组成部分，主要用于演示文稿的制作。本章介绍的"工作岗位竞聘 PPT"是较简单的演示文稿，主要涉及演示文稿制作的基本操作。

📖 学习效果图

1.1 演示文稿的制作流程

本节视频教学时间 / 2 分钟

演示文稿的制作，不仅靠技术，而且靠创意和理念。以下是演示文稿的制作流程。掌握了基本操作之后，依照这些流程进一步融合我们独特的想法和创意，可以让我们制作出令人惊叹的演示文稿。

在纸上列出提纲	不要开电脑，不要查资料
将提纲写到演示文稿中	不要使用模板，每页列一个提纲
根据提纲添加内容	查阅资料并添加到演示文稿中，将重点内容标注出来
设计内容	能做成图的内容尽量以图的形式展示，无法做成图的文字内容可提炼出中心内容，并用大号字体和醒目的文字展示
选择合适的母版	根据演示文稿表现出的内涵选用不同的色彩搭配，如果觉得 Office 自带的母版不合适，可在母版视图中进行调整，如加背景图、LOGO、装饰图等，选择后根据需要调整标题、文本的位置
美化幻灯片	根据母版色调，将图片进行美化，如调整颜色、阴影、立体、线条，美化表格、突出文字等
动画和切换效果	为幻灯片添加动画和切换效果
放映	检查、修改

1.2 安装并启动 PowerPoint 2019

本节视频教学时间 / 3 分钟

本节介绍 PowerPoint 2019 的安装与启动。

1.2.1 安装 PowerPoint 2019

PowerPoint 2019 是 Office 2019 中的一个组件，安装 PowerPoint 2019，首先要启动 Office 2019 的安装程序。为了安装方便，微软已经不再提供 Office 2019 安装文件，用户需要通过在线安装程序下载组件，执行自动安装。具体的操作步骤如下。

1 进入安装准备界面

执行 Office 2019 在线安装程序，计算机桌面弹出如下图所示的界面。

2 正在安装

几秒钟后弹出【安装进度】对话框，出现安装进度条，显示安装的进度（见下图）。

3 完成安装

安装完毕后弹出完成界面，单击【关闭】按钮，完成 Microsoft Office 2019 的安装（见下图）。

1.2.2 启动 PowerPoint 2019

启动 PowerPoint 2019 软件之后，系统可自动创建演示文稿。一般来说，可以通过【开始】菜单和桌面快捷方式两种方法启动 PowerPoint 2019 软件。

1 选择【PowerPoint】选项

单击任务栏中的【开始】按钮，在弹出的【开始】菜单中，选择【P】➤【PowerPoint】选项（见下图）。

2 新建演示文稿

此时，可启动 PowerPoint 2019。在打开的界面中单击【空白演示文稿】选项，新建空白演示文稿（见下图）。

提示

双击桌面上的 PowerPoint 2019 快捷图标，也可启动 PowerPoint 2019。

1.3 认识 PowerPoint 2019 的工作界面

本节视频教学时间 / 7 分钟

PowerPoint 2019 的工作界面由快速访问工具栏、标题栏、【文件】选项卡、功能区、工作区、状态栏和视图栏等组成，如下图所示。

1.3.1 快速访问工具栏

快速访问工具栏位于 PowerPoint 2019 工作界面的左上角，由常用的工具按钮组成，如【保存】按钮、【撤消】按钮和【恢复】按钮等。单击快速访问工具栏的按钮，可以快速实现其相应的功能（见下图）。

单击快速访问工具栏右侧的下拉按钮，弹出【自定义快速访问工具栏】下拉菜单。单击【自定义快速访问工具栏】下拉菜单中的【新建】和【触摸 / 鼠标模式】之间的选项，可以添加或删除快速访问工具栏中的按钮。如单击【快速打印】选项，可以添加【快速打印】按钮到快速访问工具栏中。再次单击下拉列表中的【快速打印】选项，则可删除快速访问工具栏中的【快速打印】按钮

（见下图）。

单击【自定义快速访问工具栏】下拉菜单中的【其他命令（M）】选项，弹出【PowerPoint 选项】对话框，通过该对话框也可以自定义快速访问工具栏（见下图）。

单击【自定义快速访问工具栏】下拉菜单中的【在功能区下方显示（S）】选项，可以将快速访问工具栏显示在功能区的下方。单击【在功能区上方显示（S）】选项，则可以将快速访问工具栏恢复到功能区的上方显示（见下图）。

1.3.2 标题栏

标题栏位于快速访问工具栏的右侧，主要用于显示正在使用的演示文稿名称、程序名称及窗口控制按钮等（见下图）。

在上图所示的标题栏中，"演示文稿 1"即为正在使用的演示文稿名称，正在使用的程序名称是 PowerPoint。当演示文稿被重命名后，标题栏中显示的演示文稿名称也随之改变。

位于标题栏右侧的窗口控制按钮包括【最小化】按钮、【最大化】按钮（或【向下还原】按钮）和【关闭】按钮。

1.3.3 【文件】选项卡

【文件】选项卡位于功能区选项卡的左侧，单击该按钮弹出下图所示的下拉菜单（见下图）。

下拉菜单包括【信息】【新建】【打开】【保存】【另存为】【打印】【共享】【导出】【关闭】【账户】和【选项】等选项。

1.3.4 功能区

在 PowerPoint 2019 中，PowerPoint 2003 及更早版本中的菜单栏和工具栏上的命令和其他菜单项已被功能区取代。功能区位于快速访问工具栏的下方，通过功能区可以快速找到完成某项任务所需要的命令。

功能区主要包括选项卡及各选项卡所包含的选项组，还有各选项组中所包含的选项。除了【文件】选项卡，主要还有【开始】【插入】【设计】【切换】【动画】【幻灯片放映】【审阅】【视图】【开发工具】和【帮助】等 10 个选项卡（见下图）。

1.3.5 工作区

PowerPoint 2019 的工作区包括位于左侧的【幻灯片缩略图】窗格、位于右侧的【幻灯片】编辑窗格和【备注】窗格（见下页图）。

1.【幻灯片缩略图】窗格

在普通视图模式下，【幻灯片缩略图】窗格位于左侧，用于显示当前演示文稿的
幻灯片数量及当前幻灯片在演示文稿中的位置。

2.【幻灯片】编辑窗格

【幻灯片】编辑窗格位于 PowerPoint 2019 工作界面的中间，用于显示和编辑
当前的幻灯片，我们可以直接在虚线边框标识占位符中键入文本或插入图片、图表和
其他对象。

3.【备注】窗格

【备注】窗格是在普通视图中显示的，用于键入关于当前幻灯片的备注，我们可
以将这些备注打印为备注页。在将演示文稿保存为网页时也将显示备注。

1.3.6 状态栏和视图栏

状态栏和视图栏位于当前窗口的最下方，用于显示当前文档页、总页数、输入法
状态、视图按钮组、显示比例和调节页面显示比例的控制杆等信息。其中，单击【视
图】按钮可以在视图中进行相应的切换（见下图）。

幻灯片 第 1 张，共 1 张　中文(中国)　可用建议　备注　批注　回　器　旦　早　－　■　＋　51%　国

在状态栏上单击鼠标右键，弹出【自定义状态栏】快捷菜单。通过该快捷菜单，可以设置状态栏中要显示的内容（见右栏图）。

1.4 幻灯片的基本操作

本节视频教学时间 / 5分钟

将演示文稿保存为"工作岗位竞聘PPT"后，就可以对幻灯片进行操作，如新建幻灯片、为幻灯片应用版式等。

1.4.1 新建幻灯片

创建的演示文稿中，默认只有一张幻灯片。我们可以根据需要，创建多张幻灯片。新建幻灯片的方法有以下三种。

1. 通过功能区的【开始】选项卡新建幻灯片

１ 单击【新建幻灯片】按钮

单击【开始】选项卡下【幻灯片】选项组中的【新建幻灯片】按钮（见下图）。

２ 创建新幻灯片

系统自动创建一个新幻灯片（见右栏图）。

2. 使用鼠标右键新建幻灯片

也可以使用单击鼠标右键的方法新建幻灯片。

１ 选择【新建幻灯片】选项

在【幻灯片缩略图】窗格的缩略图上单击鼠标右键，在弹出的快捷菜单中选择【新建幻灯片】选项（见下页图）。

> **提示**
>
> 在【幻灯片缩略图】窗格的空白处单击鼠标右键，在弹出的快捷菜单中选择【新建幻灯片】选项，也可新建一个新的幻灯片（见下图）。

2 创建新幻灯片

系统即自动创建一个新幻灯片（见下图）。

3. 使用组合键新建幻灯片

使用【Ctrl+M】组合键也可以快速创建新的幻灯片。

1.4.2 确定幻灯片的版式

在"工作岗位竞聘 PPT"演示文稿中，当新建的幻灯片不是需要的幻灯片版式时，可以根据需要，对幻灯片的版式进行更改。更改幻灯片版式的方法有以下两种。

1. 使用【开始】选项卡

1 选择幻灯片版式

选择第 2 张幻灯片，单击【开始】选项卡下【幻灯片】组中的【版式】按钮，从弹出的下拉菜单中选择所要使用的 Office 主题版式（如这里选择【比较】版式），即可为幻灯片应用版式（见下图）。

2 应用【比较】版式

此时，将第 2 张幻灯片的版式更改为【比较】（见下图）。

2. 使用鼠标右键

1 选择幻灯片版式

选择第 3 张幻灯片，并单击鼠标右键，在弹出的快捷菜单中选择【版式】，在弹出的子菜单中选择【仅标题】版式（见下页图）。

2 应用【仅标题】版式

此时，将第 3 张幻灯片的版式更改为【仅标题】（见下图）。

1.4.3 删除幻灯片

创建幻灯片之后，可以直接按【Delete】键删除不需要的幻灯片。

在【幻灯片缩略图】窗格的【幻灯片】选项卡下，在第 2 张幻灯片的缩略图上单击鼠标右键，在弹出的菜单中选择【删除幻灯片】选项，幻灯片就被删除；在【幻灯片缩略图】窗格的【幻灯片】选项卡中也不再显示。此外，用户还可以通过【开始】选项卡的【剪贴板】选项组中的【剪切】选项完成幻灯片的删除（见下图）。

1.5 输入文本

本节视频教学时间 / 5 分钟

完成幻灯片页面的添加之后，就可以开始往幻灯片中输入文本内容了。

1.5.1 输入首页幻灯片标题

在普通视图中，幻灯片会出现【单击此处添加标题】或【单击此处添加副标题】等提示文本框。这种文本框统称为文本占位符。在 PowerPoint 2019 中，可以在文本占位符中直接输入文本。

1 输入文本内容

在幻灯片页面中将鼠标光标放置在【单击此处添加标题】文本占位符内，可直接输入文本内容（见下图）。

2 添加副标题

将鼠标光标定位至【单击此处添加副标题】文本占位符内，然后输入文本内容"竞聘岗位：技术部门经理"（见下图）。

工作岗位竞聘PPT
竞聘岗位：技术部门经理

提示

在文本占位符中输入文本是最基本、最方便的一种输入方式。

1.5.2 在文本框中输入文本

幻灯片中文本占位符的位置是固定的，如果想在幻灯片的其他位置输入文本，可以通过绘制一个新的文本框来实现。在插入和设置文本框后，就可以在文本框中进行文本的输入了。

1 输入标题

选择第 2 张幻灯片，在幻灯片页面中将鼠标光标放置在【单击此处添加标题】文本占位符内，输入"自我介绍"文本内容（见下图）。

2 选择【绘制横排文本框】选项

单击【插入】选项卡下【文本】选项组中的【文本框】按钮，在弹出的下拉菜单中选择【绘制横排文本框】选项（见下图）。

3 创建一个文本框

然后将光标移至幻灯片中，当光标变为向下的箭头时，按住鼠标左键并拖动，可创建一个文本框（见下图）。

4 输入文本内容

单击文本框直接输入文本内容，效果如下图所示。

21

5 新建幻灯片并输入"自我评价"文本内容

再新建一张【仅标题】幻灯片，使用同样的方法输入"自我评价"标题及其内容（见下图）。

7 新建幻灯片并输入"谢谢"文本内容

再新建一张【空白】幻灯片，插入一个横排文本框，并输入"谢谢"文本（见下图）。

6 新建幻灯片并输入"主要工作业绩"文本内容

再新建一张【仅标题】幻灯片，使用同样的方法输入"主要工作业绩"标题及其内容（见右栏图）。

1.6 文字设置

本节视频教学时间 / 10 分钟

对文字进行字号、大小和颜色的设置，可以让幻灯片的内容层次有别，而且更醒目。

1.6.1 字体设置

在 PowerPoint 2019 中，用户可以通过多种方法完成字体的设置操作。

1 选择【字体】选项

选择第 2 张幻灯片，选择"自我介绍"文本，然后单击鼠标右键，在弹出的快捷菜单中选择【字体】选项（见下图）。

2 设置字体

弹出【字体】对话框。设置【中文字体】为【微软雅黑】，【大小】为【40】，【字体样式】为【加粗】，设置后单击【确定】按钮（见下图）。

3 设置其他字体

选择"自我介绍"标题下的文本内容，单击【开始】选项卡下【字体】选项组中【字体】右侧的下拉按钮，在弹出的下拉列表中选择【宋体】，单击【字号】右侧下拉按钮，选择【36】号（见下图）。

4 设置其他幻灯片中的字体

使用同样的方法设置"自我评价"和"主要工作业绩"幻灯片中的字体，效果如下图所示。

5 设置第 5 张幻灯片中的字体

选择第 5 张幻灯片，选中"谢谢！"

文本内容，并单击鼠标右键，在弹出的快捷菜单中设置文本【字体】为【微软雅黑】，【字号】大小为【96】，并添加【加粗】效果（见下图）。

6 调整文本框

选择绘制的文本框，将鼠标光标放置在文本框上，即可调整文本框的位置和大小，调整后的效果如下图所示。

7 设置第 1 张幻灯片中的字体

使用同样的方法，设置第 1 张幻灯片页面中的字体，效果如下图所示。

1.6.2 颜色设置

PowerPoint 2019 默认的文字颜色为黑色。我们可以根据需要将文本设置为其他各种颜色。如果需要设定字体的颜色，可以先选中文本，单击【字体颜色】按钮，在弹出的下拉菜单中选择所需要的颜色。

1. 颜色

【字体颜色】下拉列表中包括【主题颜色】【标准色】和【其他颜色】3 个区域的选项。

单击【主题颜色】和【标准色】区域的颜色块可以直接选择所需要的颜色（见下页图）。

单击【其他颜色】选项，弹出【颜色】对话框。该对话框包括【标准】和【自定义】两个选项卡。在【标准】选项卡下可以直接单击颜色球指定颜色（见下图）。

单击【自定义】选项卡，既可以在【颜色】区域指定要使用的颜色，也可以在【红色】【绿色】和【蓝色】文本框中直接输入精确的数值指定颜色。其中，【颜色模式】下拉列表中包括【RGB】和【HSL】两个选项（见下图）。

> **提示**
>
> RGB 色彩模式和 HSL 色彩模式都是工业界的颜色标准，也是目前运用最广的颜色系统。RGB色彩模式是通过对红（R）、绿（G）、蓝（B）3 个颜色通道的变化及它们相互之间的叠加来得到各种各样的颜色的，RGB 代表红、绿、蓝 3 个通道的颜色；HSL 色彩模式是通过对色调（H）、饱和度（S）、亮度（L）3 个颜色通道的变化及它们相互之间的叠加来得到各种各样的颜色的，HSL 代表色调、饱和度、亮度 3 个通道的颜色。

2. 设置字体颜色

设置字体颜色的方法也很多，与字体设置相似。

1 设置文本颜色

选择第 1 张幻灯片，选择标题文字后单击【开始】选项卡下【字体】选项组中的【字体颜色】按钮，在弹出的颜色列表中选择需要的颜色，这里选择【蓝-灰，文字 2，深色 25%】颜色（见下图）。

2 设置第 2 张幻灯片的文本颜色

切换到第 2 张幻灯片，选择"自我介绍"后，在弹出的快捷菜单中，单击【字体颜色】右侧的下拉按钮，在弹出的列表中选择一种颜色即可（见下页图）。

3 设置其他幻灯片的文本颜色

使用同样的方法设置其他幻灯片的文本颜色，效果如下图所示。

> **主要工作业绩**
>
> 工作期间主要负责前台微机、网络、主机的维护。
> 2010年负责开发XX、XX系统。
> 2011年开发的XX系统获得了省XX奖，并与同年或者公司年度先进个人称号。
> 2012~2015年11月年负责企业服务器系统的改进和优化工作，获得了公司的好评。
> 2015年12月至今，负责开发XX系统。

1.6.3 添加文本突出显示颜色效果

PowerPoint 2019 新增了与 Word 中的文本荧光笔相似的功能——文本突出显示颜色，以便对演示文稿中某些文本内容加以强调。

1. 突出显示一段文本

1 选择文本并选择突出显示的颜色

首先选择要突出显示的文本内容，这里选择第 4 张幻灯片内容文本框中的第 3 段文本内容。单击鼠标右键在弹出的快捷菜单中单击【文本突出显示颜色】按钮右侧下拉按钮，在弹出的下拉列表中选择一种颜色（见下图）。

2 突出显示选择的文本

此时，可为选择的文本内容应用【鲜绿】色的荧光笔效果，突出显示选择的文本（见下图）。

2. 突出显示非连续文本

1 选择突出显示的颜色

将鼠标光标放置在第 4 张幻灯片的内容文本框中，不选择文本。单击【开始】选项卡下【字体】选项组中的【文本突出显示颜色】按钮右侧的下拉按钮，在弹出的下拉列表中选择一种颜色（见下图）。

2 选择文本

将鼠标光标移至幻灯片的文本区域，可以看到鼠标光标变为荧光笔的形状，此时按住鼠标左键并拖曳鼠标，即可选择非连续的文本，效果如下图所示。

③ 退出【文本突出显示颜色】功能

　　文本的突出显示设置完成后，按键盘上的【Esc】键，或者再次单击【文本突出显示颜色】按钮，即可退出【文本突出显示颜色】功能。

3. 取消文本的突出显示

① 选择文本并选择【无颜色】选项

　　选择已设置突出显示的文本，单击【开始】选项卡下【字体】选项组中的【文本突出显示颜色】按钮右侧的下拉按钮，在弹出的下拉列表中选择【无颜色】选项（见右栏图）。

② 取消已选择文本的突出显示

　　此时，可取消文本的突出显示，效果如下图所示。

1.7 设置段落样式

本节视频教学时间 / 4 分钟

设置段落格式包括对齐方式、缩进及间距与行距等方面的设置。

1.7.1 对齐方式设置

　　段落对齐方式包括左对齐、右对齐、居中对齐、两端对齐和分散对齐等。设置段落对齐的方式有以下两种。

1. 在【段落】选项组中设置

① 选择文本框并单击【居中对齐】按钮

　　选择第5张幻灯片，选择标题所在的文本框后，在【段落】选项组中单击【居中对齐】按钮（见下图）。

② 查看效果

　　此时，可使文本框中的内容居中对齐显示，效果如下图所示。

2. 在【段落】对话框中设置

1 选择【段落】选项

选择要设置对齐方式的段落，并单击鼠标右键，在弹出的快捷菜单中选择【段落】选项（见下图）。

2 设置【段落】对话框

弹出【段落】对话框，选择【缩进和间距】选项卡，在【对齐方式】下拉

列表中选择【居中】选项，即可为文本设置居中对齐（见下图）。

> **提示**
>
> 使文本左对齐组合键为【Ctrl+L】，居中对齐组合键为【Ctrl+E】，右对齐组合键为【Ctrl+R】。

1.7.2 设置文本段落缩进

段落缩进指的是段落中的行相对于页面左边界或右边界的位置。段落缩进方式主要包括左缩进、右缩进、悬挂缩进和首行缩进等。悬挂缩进是指段落首行的左边界不变，其他各行的左边界相对于页面左边界向右缩进一段距离。首行缩进是指将段落的第一行从左向右缩进一定的距离，首行外的各行都保持不变。

1 选择内容并单击【段落】按钮

选择第2张幻灯片，选择内容文本框中的所有内容，单击【开始】选项卡下【段落】选项组中的【段落】按钮（见下图）。

2 设置首行缩进

弹出【段落】对话框，在【缩进和间距】选项卡下【缩进】选项组中单击【特殊格式】下拉按钮，选择【首行缩进】选项，设置【度量值】为【2.54厘米】，单击【确定】按钮（见下图）。

3 查看效果

此时，即可完成段落缩进的设置，效果如右栏图所示。

自我介绍

我叫王XX，男，27岁，未婚，家庭住址是XX市XX路XX号。

2009年7月毕业于XX大学XX专业。同年进入XX公司，主要负责数据业务相关网络设备的技术支持和网络维护工作。

1.8 添加项目符号或编号

本节视频教学时间 / 4分钟

项目符号和编号是放在文本前的点或其他符号，起到强调作用。合理使用项目符号和编号，可以使文档的层次结构更清晰、更有条理。

1.8.1 为文本添加项目符号或编号

在幻灯片中经常要为文本添加项目符号或编号。在"工作岗位竞聘 PPT"演示文稿中添加项目符号或编号，让文档的条理更清晰。

1 添加项目符号

选择第 4 张幻灯片，选择要添加项目符号的文本。单击【开始】选项卡下【段落】选项组中的【项目符号】按钮右侧的下拉按钮，在弹出的下拉列表中选择一种项目符号（见下图）。

主要工作业绩

➤ 工作期间主要负责前台微机、网络、主机的维护。
➤ 2010年负责开发XX、XX系统。
➤ 2011年开发的获得了省XX奖，并与同年获得公司年度先进个人XX系统称号。
➤ 2012~2015年11月年负责企业服务器系统的改进和优化工作，获得了公司的好评。
➤ 2015年12月至今，负责开发XX系统。

3 添加编号

选择第 3 张幻灯片，选择要添加编号的文本。单击【开始】选项卡下【段落】选项组中的【编号】按钮右侧的下拉按钮，在弹出的下拉列表中选择一种编号（见下图）。

2 查看效果

此时，即可为文本添加项目符号，效果如右栏图所示。

4 查看效果

此时，即可为文本添加编号，效果如右栏图所示。

1.8.2 更改项目符号或编号的外观

如果为文本添加的项目符号或编号的外观不是所需要的，可以更改项目符号或编号的外观。

1 选择要更改的符号

选择已添加项目符号或编号的文本，这里选择添加项目符号的文本。单击【开始】选项卡【段落】选项组中的【项目符号】的下拉按钮 ，从弹出的下拉列表中选择要更改的项目符号（见下图）。

2 查看效果

在 PowerPoint 2019 中，用户不仅可以使用内置的项目符号，还可以根据需要自定义项目符号。

1 选择【项目符号和编号】选项

选择已添加项目符号或编号的文本，这里选择添加项目符号的文本，单击单击【开始】选项卡【段落】选项组中的【项目符号】的下拉按钮 ，从弹出的下拉列表中选择【项目符号和编号】选项（见下图）。

2 单击【自定义】按钮

弹出【项目符号和编号】对话框，在【项目符号】选项卡下单击【自定义】按钮（见下图）。

3 选择一种符号

在弹出的【符号】对话框中可以设置新的符号为项目符号的新外观。选择一个符号后单击【确定】按钮（见下页图）。

4 返回到【项目符号和编号】对话框

返回到【项目符号和编号】对话框中，我们可以看到当前我们使用的项目符号已经发生了变化，单击【确定】按钮（见下图）。

5 查看效果

关闭【项目符号和编号】对话框，返回到幻灯片中查看设置后的项目符号（见下图）。

> **提示**
>
> 更改编号的方法与更改项目符号的方法相同，在这里就不再介绍了。

1.9 保存设计好的演示文稿

本节视频教学时间 / 1 分钟

演示文稿制作完成之后就可以将其保存起来，方便使用。保存"工作岗位竞聘PPT"演示文稿的方法有以下两种。

1. 使用【文件】选项卡

选择【文件】选项卡，在弹出的窗格的左侧列表中选择【保存】选项（见下图）。

2. 使用快速访问工具栏

直接单击快速访问栏中的【保存】按钮（见下图）。

高手私房菜

技巧 1 ● 设置酷炫的"黑色"主题

Office 2019 中新增了一款"黑色"的主题颜色，这里以 PowerPoint 2019 为例来体验一下 Office 新增的酷炫"黑色"主题。

1 新建演示文稿并选择【黑色】主题

启动 PowerPoint 2019，新建一个空白演示文稿，单击【文件】选项卡，在左侧列表中选择【账户】选项，在"账户"界面中单击【Office 主题】下拉按钮，在弹出的下拉列表中选择【黑色】主题（见下图）。

2 查看效果

返回 PowerPoint 工作界面，即可看到应用"黑色"主题后的界面效果（见下图）。

技巧 2 ● 巧妙体现你的逻辑内容

如果你的逻辑思维混乱，就不可能制作出条理清晰的演示文稿，观众看演示文稿也会一头雾水、不知所云，所以演示文稿中内容的逻辑性非常重要。逻辑内容是演示文稿的灵魂。

在制作演示文稿前，梳理观点时，如果有逻辑混乱的情况，可以尝试使用"金字塔原理"来创建思维导图。

"金字塔原理"是在 1973 年由麦肯锡国际管理咨询公司的咨询顾问巴巴拉·明托（Barbara Minto）发明的，旨在阐述写作过程的组织原理，提倡按照读者的阅读习惯改善写作效果。因为主要思想总是从次要思想中概括出来的，文章中所有思想的理想组织结构，也就必定是一个金字塔结构——由一个总的思想统领多组思想。在这种金字塔结构中，思想之间的联系方式可以是纵向的（即任何一个层次的思想都是对其下面一个层次思想的总结），也可以是横向的（即多个思想因共同组成一个逻辑推断式，被并列组织在一起）。

"金字塔原理"图如下图所示。

举一反三

学会制作实用演示文稿之后，就可以根据基本操作步骤制作其他类型的演示文稿，其中比较常见的就是销售宣传演示文稿、大学论文答辩演示文稿、会议演示文稿以及根据公司实际需要制作出的演示文稿等（见下图）。

第 2 章

设计图文并茂的演示文稿 ——制作"公司宣传"演示 文稿

本章视频教学时间 / 31 分钟

 重点导读

在 PowerPoint 2019 中使用表格和图片可以让我们制作出更漂亮的演示文稿,而且可以提高工作效率。

学习效果图

2.1 新建"公司宣传"演示文稿

本节视频教学时间 / 2分钟

使用 PowerPoint 2019 软件制作公司宣传演示文稿之前，首先要创建一个演示文稿。

1 新建空白演示文稿并进行保存

启动 PowerPoint 2019，并新建空白演示文稿，单击【文件】选项卡，选择【另存为】选项，在【另存为】窗格选择【这台电脑】选项，单击【浏览】按钮（见下图）。

2 选择存储位置并完成保存

打开【另存为】对话框，选择存储位置，并在【文件名】文本框中输入"公司宣传"，单击【保存】按钮，完成新建"公司宣传"演示文稿的操作（见下图）。

2.2 使用艺术字输入标题

本节视频教学时间 / 4分钟

利用 PowerPoint 2019 中的艺术字功能插入装饰文字，可以创建带阴影的、扭曲的、旋转的和拉伸的艺术字，也可以按预定义的形状创建文字。

1 选择主题样式

单击【设计】选项卡下【主题】选项组中的【其他】按钮 ，在弹出的主题样式中选择【镶边】主题样式（见右栏图）。

2 选择艺术字

删除幻灯片中的文本占位符，单击【插入】选项卡【文本】选项组中的【艺术字】按钮。在弹出的【艺术字】下拉列表中选择一种艺术字样式（见下图）。

3 输入标题并调整文本框位置

在"请在此处放置您的文字"处单击并输入标题"XX 公司产品宣传"，将其【字号】设置为【66】，然后调整文本框位置，效果如下图所示。

XX公司产品宣传

4 添加副标题并设置字体样式

插入一个横排文本框，输入副标题内容并设置【字体】为【楷体】，【字号】为【36】，并添加【加粗】效果，调整其位置后的效果如下图所示。

> **提示**
>
> 插入的艺术字仅仅具有一些美化的效果，如果要设置更为艺术的字体，则需要更改艺术字的样式。用户可以在选择艺术字后，在弹出的【绘图工具】▶【格式】选项卡下选择【艺术字样式】选项组中的各个选项，即可更改艺术字的样式。

2.3 输入公司概况内容

本节视频教学时间 / 2 分钟

公司概况是"公司宣传"演示文稿中很重要的一项，是对公司的整体介绍和说明。

1 新建幻灯片并设置标题文字样式

新建一张版式为【标题和内容】的幻灯片，在第一个【单击此处添加标题】处输入"公司概括"，并根据需要设置文字样式，这里设置【字体】为【楷体】，【字号】为【48】（见右栏图）。

2 输入公司概括内容并设置文字样式

在第 2 个【单击此处添加文本】处输入公司概况内容，并设置【字体】为【楷体】，【字号】为【32】，【行距】为【1.5 倍行距】。效果如右栏图所示。

公司概括

· 龙马图书工作室致力于计算机类图书的策划、编著、包装和益制等，曾编著《职业技能培训教程》丛书、《新手到高手》系列、《Photoshop 数码照片自拍与影像处理完全自学手册》系列、《完全自学手册》、《新编从入门到精通》系列等上百种（套）书籍。

2.4 插入表格

本节视频教学时间 / 7 分钟 ▶

在"公司宣传"演示文稿中，可以通过表格展示公司的最新产品。

2.4.1 创建表格

表格是幻灯片中很常用的一类模板，一般可以通过在 PowerPoint 2019 中直接创建表格并设置表格格式、从 Word 中复制和粘贴表格、从 Excel 中复制和粘贴一组单元格，以及在 PowerPoint 中插入 Excel 电子表格等 4 种方法来完成表格的创建。

1 新建幻灯片

新建【标题和内容】幻灯片（见下图）。

2 输入标题并设置文字样式

在新建的幻灯片中【单击此处添加标题】位置单击，然后输入幻灯片标题"最新产品展示"，并设置【字体】为【楷体】，【字号】为【48】（见下图）。

3 选择【插入表格】选项

删除【单击此处添加文本】文本占位符，然后单击【插入】选项卡【表格】选项组中的【表格】按钮，在弹出的列表中选择【插入表格】选项（见下图）。

4 设置【插入表格】对话框

弹出【插入表格】对话框，在其中设置表格的【列数】为【2】、【行数】为【7】，然后单击【确定】按钮（见下页图）。

> **提示**
>
> 单击【表格】按钮后也可以在【插入表格】下拉列表中直接拖动鼠标指针以选择行数和列数,然后单击鼠标左键,即可在幻灯片中创建表格。

2.4.2 操作表格中的行和列

表格插入后,还可以编辑表格的行与列,如删除或添加行(列)、调整行高或列宽及合并或拆分单元格等。

1 选择单元格并单击【合并单元格】按钮

选择首列第2个和第3个单元格,然后在【表格工具】➤【布局】选项卡下【合并】选项组中单击【合并单元格】按钮(见下图)。

2 合并其他单元格

此时,即可合并选择的单元格。使用同样的方法,合并其他需要合并的单元格,合并后效果如下图所示。

3 调整列宽

将鼠标光标放在两列中间的竖线上,

当鼠标光标变为 ◄║► 时,按住鼠标左键并拖曳鼠标到合适的位置,即可调整列宽(见下图)。

4 设置行高

选择第2行~第7行的单元格,然后在【表格工具】➤【布局】选项卡【单元格大小】选项组中输入【表格行高】为"1.6厘米",设置首行行高为"2.4厘米"(见下图)。

2.4.3 在表格中输入文字

要向表格单元格中添加文字,我们可以单击该单元格后输入文字,输入完成后单击该表格外的任意位置即可。

1 输入表头

依次单击第1行中的两个单元格，输入表头（见下图）。

2 在表格其他位置输入相应内容

依次单击表格中的其他单元格并输入相应内容（见下图）。

2.4.4 设置表格中的文字样式和对齐方式

在表格中输入文字后，设置表格中的文字样式和对齐方式，可以让表格更好看。

1 设置表头

选中表头中的文字，将其【字体】设置为【宋体】、【字号】为【32】，然后在【表格工具】▶【布局】选项卡下的【对齐方式】选项组中单击【居中】按钮，然后再单击【垂直居中】按钮（见下图）。

2 设置表格其他文本

选择表格中的其他文本，设置【字体】为【微软雅黑】、【字号】为【24】，然后将其【对齐方式】设置为垂直、水平方向均【居中】显示（见下图）。

2.4.5 设置表格的样式

创建表格之后，设置表格的样式，让其与幻灯片主题协调统一。

1 选择表格样式

选中表格后单击【表格工具】▶【设计】选项卡，在【表格样式】选项组中单击【其他】按钮，弹出表格样式列表，选择【中等样式3，强调5】表格样式（见右栏图）。

2 应用表格样式

应用表格样式后的效果如下图所示。

2.5 插入图片

本节视频教学时间 / 8 分钟

在制作某张幻灯片时，适当插入一些图片，可以达到图文并茂的效果。

2.5.1 插入图片

在结束幻灯片中插入一张闭幕图，让"公司宣传"演示文稿显得更得体。

1 新建空白幻灯片

选择第 3 张幻灯片，单击【开始】选项卡，在【幻灯片】选项组中单击【新建幻灯片】按钮，直接新建一个空白幻灯片（见下图）。

2 单击【图片】按钮

单击【插入】选项卡【图像】选项组中的【图片】按钮（见下图）。

3 插入图片

弹出【插入图片】对话框，在【查找范围】下拉列表中选择图片所在的位置，然后单击所要使用的图片，单击【插入】按钮（见下页图）。

4 查看插入的图片

在幻灯片中查看插入的图片（见下图）。

2.5.2 图片背景的删除和编辑操作

在 PowerPoint 2019 中，用户可根据需要对插入的图片的背景进行删除和编辑。

1 选中图片并单击【删除背景】按钮

选中插入的图片，选择【图片工具】➤【格式】选项卡，单击【调整】选项组中的【删除背景】按钮（见下图）。

2 单击【保留更改】按钮

弹出【背景消除】选项卡，单击【关闭】选项组中的【保留更改】按钮（见下图）。

3 查看效果

此时，即可看到图片的背景已全部被删除（见下图）。

4 删除部分背景

按【Ctrl+Z】组合键，撤销上一步的操作。在【背景消除】选项卡下，单击【优化】选项组中的【标记要保留的区域】按钮，然后在图片上绘制线条，标记要保留的区域。单击【优化】选项组中的【标记要删除的区域】按钮，然后在图片上绘制线条，标记要删除的区域。编辑完成后，单击【保留更改】按钮（见下图）。

5 查看效果

此时，即可看到删除部分背景的效果（见下图）。

6 单击【放弃所有更改】按钮

再次选中插入的图片，选择【图片工具】➤【格式】选项卡，单击【调整】选项组中的【删除背景】按钮。在【背景消除】选项卡下单击【关闭】选项组中的【放弃所有更改】按钮（见下图）。

7 恢复图片初始背景

此时，即可删除所有对图片背景的更改，恢复图片的初始背景（见下图）。

2.5.3 调整图片的大小

用户可以根据幻灯片情况调整插入的图片大小。在结束幻灯片中输入图片后，我们发现插入的图片并没有充满整个幻灯片，这时我们就需要对其进行调整。

1 选中图片并更改其大小

选中插入的图片，将鼠标指针移至图片四周的尺寸控制点上。按住鼠标左键并拖曳，就可以更改图片的大小（见下图）。

2 调整图片位置和大小

用鼠标选中图片后，拖动鼠标将其拖到合适的位置，继续调整图片大小，最后使图片大小适合幻灯片大小（见下图）。

2.5.4 裁剪图片

调整图片的大小后，若发现图片长宽比例与幻灯片比例不同，我们就要对图片进行裁剪。

裁剪图片时，先选中图片，然后在【图片工具】➤【格式】选项卡【大小】选项组中单击【裁剪】按钮，此时可以进行4种裁剪操作。

（1）裁剪某一侧：将该侧的中心裁剪控点向里拖动。

（2）同时均匀地裁剪两侧：按住【Ctrl】键的同时，将任一侧的中心裁剪控点向里拖动。

（3）同时均匀地裁剪全部4侧：按住【Ctrl】键的同时，将一个角部裁剪控点向里拖动。

（4）放置裁剪：通过拖动裁剪方框的边缘移动裁剪区域或图片。

完成后，在幻灯片空白位置处单击或按【Esc】键退出裁剪操作即可。

1 选中图片并单击【裁剪】按钮

选中图片，然后在【图片工具】➤【格式】选项卡【大小】选项组中单击【裁剪】按钮（见下图）。

> **📢提示**
>
> 单击【裁剪】下拉按钮，弹出包括【裁剪】【裁剪为形状】【纵横比】【填充】和【调整】等选项的下拉菜单。
>
> （1）裁剪为特定形状：在剪裁为特定形状时，将自动修整图片以填充形状的几何图形，但同时会保持图片的比例。
>
> （2）裁剪为通用纵横比：将图片裁剪为通用的照片或通用纵横比，可以使其轻松适合图片框。
>
> （3）通过裁剪来填充形状：若要删除图片的某个部分，但仍尽可能用图片来填充形状，可以通过【填充】选项来实现。选择此选项时，可能不会显示图片的某些边缘，但可以保留原始图片的纵横比。

2 进行裁剪并退出裁剪操作

图片四周出现控制点，拖动左侧、右侧的中心裁剪控点向里拖动即可裁剪图片大小。裁剪后按【Esc】键或再次单击【裁剪】按钮退出裁剪操作，然后调整图片的大小和位置（见下图）。

2.5.5 为图片设置样式

为图片设置样式包括添加阴影、发光、映像、柔化边缘、凹凸和三维旋转等效果，我们也可以改变图片的亮度、对比度或模糊度等。

1 选择图片样式

选择图片后，单击【图片工具】➤【格式】选项卡【图片样式】选项组中的【其他】

按钮,在弹出的菜单中选择一个图片样式。如这里选择【棱台亚光;白色】(见下图)。

2 应用图片样式

设置图片样式后的效果如下图所示。

3 选择【角度】图片效果

单击【图片工具】➤【格式】选项卡【图片效果】下拉按钮,在弹出的菜单列表中选择【棱台】选项组中的【角度】图片效果(见右栏图)。

4 设置角度棱台效果

设置角度棱台效果后的图片效果如下图所示。

5 设置结束幻灯片

在结束幻灯片中插入一个横排文本框,输入结束语,设置文字大小、颜色及调整其位置后如下图所示。

2.6 插入图标

本节视频教学时间 / 5分钟

在制作幻灯片页面时,有时会用到图标。大部分图标结构简单,表达力强,但在网上搜索时却很难找到合适的。Office 2019 增加了插入图标的新功能,在

PowerPoint 2019 中单击【插入】选项卡下【插图】选项组中的【图标】按钮，调用【插入图标】对话框。在对话框中可以看到，所有的图表被分为"人物""技术和电子""通信（图中为通讯）"等十多种类型，并且这些图标还支持填充颜色以及图标拆分后分块填色（见下图）。

2.6.1 插入图标

在本案例中，可以在幻灯片中插入合适的图标，使幻灯片看起来更加美观，增强内容表达的多样性。

1 单击【图标】按钮

选择第 3 张幻灯片，单击【插入】选项卡下【插图】选项组中的【图标】按钮（见下图）。

2 插入图标

弹出【插入图标】对话框，选择【教育】选项组中的一个图标，单击【插入】按钮（见右栏图）。

3 调整图标位置并查看效果

此时，即可在幻灯片中插入该图标。选中插入的图标，将其移动到合适的位置。效果如下页图所示。

制图标，并将其移动至合适的位置，效果如下图所示。

4 复制图标并调整位置

选中图标，按【Ctrl+C】组合键复

2.6.2 编辑图标

插入图标后，用户可根据需要对图标进行编辑，在【图形工具】▷【格式】选项卡下有各种图标编辑功能，可满足用户多样化的编辑需求（见下图）。

1 调整图标大小

按【Shift】键选中插入的三个图标，选择【图形工具】▷【格式】选项卡，在【大小】选项组中【高度】文本框中输入"1.8 厘米"。按【Enter】键确认（见下图）。

2 选择【纵向分布】选项

此时，即可调整图标的大小。然后再选择【图形工具】▷【格式】选项卡，单击【排列】选项组中的【对齐】按钮，在弹出的下拉列表中选择【纵向分布】选项（见下图）。

3 调整表格首列列宽

根据需要调整表格首列的列宽，效果如下图所示。

4 更改图标颜色

按【Shift】键选中插入的三个图标，选择【图形工具】▷【格式】选项卡，单击【图形样式】选项组中的【图形填充】按钮的下拉按钮，在弹出的下拉列表中选择【蓝色】（见下图）。

⑤ 查看效果

此时，即可将图标的填充颜色更改为蓝色，最终效果如下图所示。

⑥ 浏览并保存文稿

演示文稿制作完毕后，单击【视图】选项卡下【演示文稿视图】选项组中的【幻

灯片浏览】按钮，即可浏览制作的幻灯片效果。最后单击快速访问工具栏中【保存】按钮，保存文稿（见下图）。

高手私房菜

技巧 1 ● 设置表格的默认样式

如果经常使用某个样式而又不想每次创建表格都要重新设置，可以把需要的样式设置为默认，方法如下。

① 在幻灯片中插入表格并调整鼠标指针位置

新建空白幻灯片，插入表格。选择插入的表格，将鼠标指针放置在【表格工具】➤【设计】选项卡中【表格样式】选项组内给出的样式上（见下图）。

② 设置默认表格样式

单击鼠标右键，在弹出选项内单击【设为默认值】，即可将选定样式设为默认（见下图）。

技巧 2 ● 在 PPT 中插入 3D 模型

Office 2019 不仅新增了插入图标的功能，还支持插入 3D 模型，在制作 Word 文档、Excel 表格以及 PPT 演示文稿时，利用这些新增功能，可以提升整个文件的水平和质量。下面以 PPT 为例，来认识一下"插入 3D 模型"新功能。

1 单击【3D 模型】按钮

新建一个空白演示文稿，单击【插入】选项卡下【插图】选项组中的【3D 模型】按钮（见下图）。

2 选择要插入的 3D 模型

弹出【插入 3D 模型】对话框，选择要插入的 3D 模型，单击【插入】按钮（见下图）。

> **提示**
>
> PPT 2019 支持的 3D 模型文件格式有：.fbx/.obj/.3mf/.ply/.stl/.glb。

3 查看效果

此时，即可将选择的 3D 模型插入演示文稿中（见右栏图）。

4 更改视图方向

选中插入的 3D 模型，则会弹出【3D 模型工具】功能选项卡，单击【3D 模型工具】➤【格式】选项卡下【3D 模型视图】选项组中的【其他】按钮，在弹出下拉列表中选择【上前左视图】选项（见下图）。

5 查看效果

此时，即可更改 3D 模型的视图方向，效果如下图所示。

本章介绍的"公司宣传"演示文稿在制作过程中主要涉及在 PowerPoint 2019 中使用图片、剪贴画和表格等内容。如此制作出来的演示文稿属于展示说明型 PPT，主要用于向他人介绍或展示某个事物。此类演示文稿一般比较注重视觉效果，需要做到整个演示文稿的颜色协调统一。除了公司宣传类演示文稿外，类似的演示文稿还有食品营养报告、花语集、相册制作、个人简历、艺术欣赏、汽车展销会等（见下图）。

第 3 章

使用图表和图形—— 制作"销售业绩"演示文稿

本章视频教学时间 / 31 分钟

重点导读

在演示文稿中加入图表或图形可以使演示文稿的内容更多样。本章通过"销售业绩"演示文稿的制作来介绍在 PowerPoint 2019 中使用图表、图形的基本操作,包括使用图表、形状和 SmartArt 图形的方法等。

学习效果图

3.1 怎样才能做出好的"销售业绩"演示文稿

本节视频教学时间 / 2分钟

"销售业绩"演示文稿主要用来展示某段时间某个产品的销售情况，它可以直观地表现出在某个时间段内产品销售业绩是提高了还是降低了，而且还可以显示变化幅度等信息。

制作"销售业绩"演示文稿，需要注意以下几方面的内容。

（1）明确制作的"销售业绩"演示文稿是用来做什么的。比如，是用来在会议上展示还是自己做比对分析的。

（2）要做好数据收集的工作。数据收集是制作"销售业绩"演示文稿前最关键最重要的任务，它直接关系着演示文稿的实用性。

（3）明确"销售业绩"演示文稿包括哪几方面的比较，包括公司内容的横向比较和纵向比较等。

（4）熟练掌握PowerPoint 2019制作幻灯片的方法、技巧以及合理使用各种元素。

（5）幻灯片界面要简洁、大方、整齐。

3.2 在报告摘要幻灯片中插入形状

本节视频教学时间 / 12分钟

在幻灯片中添加一个形状或者合并多个形状，可以生成一个形状或一个更为复杂的形状。添加一个或多个形状后，还可以在其中添加文字、项目符号、编号和快速样式等内容。

3.2.1 插入形状

在幻灯片中可以绘制线条、矩形、基本形状、箭头总汇、公式形状、流程图、星与旗帜、标注和动作按钮等形状。

1 打开素材

打开"素材 \ch03\ 销售业绩 .pptx"文件，然后选择第2张幻灯片（见下图）。

２ 选择"椭圆"形状

单击【开始】选项卡【绘图】选项组中的【形状】按钮,在弹出的下拉菜单中选择【基本形状】区域的椭圆形状(见下图)。

３ 绘制圆

按住【Shift】键并按住鼠标左键在幻灯片中绘制圆(见下图)。

提示

调用【椭圆】命令后,按住【Shift】键绘制出圆;如果不按【Shift】键即可绘制椭圆。

４ 选择"直线"形状

单击【插入】选项卡【插图】选项组中的【形状】按钮,在弹出的下拉菜

单中选择【线条】区域的【直线】选项(见下图)。

５ 绘制直线

按住【Shift】键,并按住鼠标左键在幻灯片中绘制一条直线(见下图)。

６ 选择"虚线"形状

单击【绘图工具】>【格式】选项卡【形状样式】选项组中【形状轮廓】下拉按钮,在弹出的列表中选择【虚线】选项,然后在弹出的虚线列表中选择某一种(见下图)。

7 绘制完成

绘制完成后，效果如右栏图所示。

3.2.2 使用墨迹功能快速绘制形状

使用 PowerPoint 2019 新增的墨迹功能，可快速绘制想要绘制的形状。

1 单击【开始墨迹书写】按钮

单击【审阅】选项卡下【墨迹】选项组中的【开始墨迹书写】按钮（见下图）。

2 单击【将墨迹转换为形状】按钮

弹出【墨迹书写工具】▶【笔】选项卡，单击【墨迹艺术】选项组中的【将墨迹转换为形状】按钮（见下图）。

3 开始绘图

将鼠标移至幻灯片中，并按住鼠标左键拖曳出一个形状（见下图）。

4 转换为规则的形状

松开鼠标左键，系统会将手动绘制

的图形转换为圆滑的形状，效果如下图所示。

5 单击【选择对象】按钮

在【墨迹书写工具】▶【笔】选项卡下单击【写入】选项组中的【选择对象】按钮（见下图）。

6 删除形状

选中绘制的形状，按键盘上的【Delete】键，即可删除该形状（见下图）。

3.2.3 应用形状样式

绘制图形后，在【绘图工具】➤【格式】选项卡【形状样式】选项组中可以对幻灯片中的形状设置样式，包括设置填充形状的颜色、填充形状轮廓的颜色和形状的效果等。

1 选择形状样式

选择圆后单击【绘图工具】➤【格式】选项卡【形状样式】选项组中的【其他】按钮，在弹出的下拉菜单中选择一种形状样式（见下图）。

┏━🔊 **提示**

另外，在【形状样式】选项组中单击【形状填充】和【形状效果】右侧下拉按钮，还可以为形状添加填充、预设、阴影、发光等效果。

2 设置直线

选择直线后单击【绘图工具】➤【格式】选项卡【形状样式】选项组中的【形状轮廓】下拉按钮，在弹出的菜单中设置直线的【粗细】为【3磅】，颜色为【橙色，个性色6，深色25%】（见右栏图）。

3 查看效果

设置完成后的效果如下图所示。

3.2.4 组合形状

在同一张幻灯片中插入多个形状时，可以将多个形状组合成一个形状，这里将绘制的圆和直线组合成一个形状。

1 选中圆形并选择【置于顶层】选项

调整圆形和直线的位置和大小，然后选中圆形，单击鼠标右键，在弹出的快捷菜单中选择【置于顶层】列表中的【置于顶层】选项（见右栏图）。

2 选中圆形和直线并选择【组合】选项

同时选中圆形和直线，单击鼠标右键，在弹出的快捷菜单中选择【组合】列表中的【组合】选项（见下图）。

> **提示**
>
> 可以根据实际需要组合同一幻灯片中的任意几个或全部形状，也可以在组合的基础上再和其他的形状进行组合。如果要取消组合，直接选择【组合】下拉列表中的【取消组合】选项即可。

3.2.5 排列形状

使用【开始】选项卡【绘图】选项组中的【排列】按钮可以对多个形状进行各种方式的快速排列。

1 复制形状

选择组合后的形状，按【Ctrl+C】组合键复制形状，然后在该幻灯片下任意位置处单击鼠标左键，按【Ctrl+V】组合键粘贴，重复【粘贴】操作，复制出3个形状（见下图）。

2 调整形状位置

选中所有的形状，然后单击【绘图】选项组中的【排列】中的【对齐】列表中的【水平居中】选项，并调整形状上下间距后，再次使用【对齐】列表中的【纵向分布】选项，调整后效果如右栏图所示。

3 调整其他形状的颜色

使用3.2.3节的方法，调整其他形状的填充颜色，最终效果如下图所示。

3.2.6 在形状中添加文字

在绘制或者插入的形状中可以直接添加文字，也可以借助文本框添加文字。

1 选择【编辑文字】选项

选择第1个圆形，然后单击鼠标右键，在弹出的快捷菜单中选择【编辑文字】选项（见下图）。

2 输入数字并调整数字大小

此时鼠标光标定位在圆形中，输入阿拉伯数字"1"，同样在其他圆中依次输入数字，然后调整数字大小，这里调整其【字体】为【楷体】、【字号】为【36】，效果如下图所示。

3 添加文字

在第1个圆形右侧的直线上方插入一个横排文本框，然后输入文字。设置【字号】为【36】，【字体颜色】为【白色】。调整文本框的位置，使文字位于中间（见下图）。

4 输入其他文字

使用同样的方法输入其他文字，最终效果如下图所示。

3.3 SmartArt 图形

本节视频教学时间 / 5分钟

SmartArt 图形是信息和观点的视觉表现形式。我们可以从多种不同的布局中进行选择来创建 SmartArt 图形，从而快速、轻松和有效地传达信息。

使用 SmartArt 图形，只需单击几下鼠标，就可以创建具有设计师水准的插图。

演示文稿通常包含带有项目符号列表的幻灯片，使用 PowerPoint 2019 时，可以将幻灯片文本转换为 SmartArt 图形。此外，还可以向 SmartArt 图形添加动画效果。

3.3.1 创建 SmartArt 图形

在 PowerPoint 2019 中，SmartArt 图形主要包括列表、流程、循环、层次结构、关系、矩阵及棱锥图等类型。在创建时，可以根据 SmartArt 图形的作用来具体选择使用哪种类型。

1 单击【SmartArt】按钮

选择第 4 张幻灯片，单击【插入】选项卡【插图】选项组中的【SmartArt】按钮（见下图）。

2 选择 SmartArt 图形

弹出【选择 SmartArt 图形】对话框。单击左侧的【列表】选项卡，在弹出的右侧列表中选择【水平项目符号列表】选项，单击【确定】按钮（见右栏图）。

3 插入 SmartArt 图形

此时，即可在幻灯片中插入一个 SmartArt 图形（见下图）。

3.3.2 添加形状

创建 SmartArt 图形之后，可以对图形进行修改，如添加、删除形状。在本节中我们在创建的 SmartArt 图形后再添加一个形状。

1 添加形状

选中要添加新形状位置旁边的形状，如在图形的最右侧添加一个形状，则可以选择最右侧的形状（见下图）。

2 选择【在后面添加图形】选项

在【SmartArt 工具】➤【设计】选项卡下，单击【创建图形】选项组中的【添加形状】按钮右侧的下拉按钮，在弹出的下拉列表中选择【在后面添加图形】选项（见下图）。

③ 调整形状大小和位置

添加形状后,可以拖动形状边框来调整形状的大小和位置,使形状显示得更清晰(见下图)。

④ 添加文字并设置文字样式

根据需要在 SmartArt 图形中添加文字,并设置文字样式,效果如下图所示。

3.3.3 设置 SmartArt 图形

设置 SmartArt 图形一般包括更改形状样式、更改 SmartArt 图形布局、更改 SmartArt 图形样式以及更改 SmartArt 图形中文字的样式等操作。本节对添加的 SmartArt 图形更改形状样式,包括样式和颜色。

① 选择 SmartArt 图形样式

选择 SmartArt 图形后,单击【SmartArt 工具】➤【设计】选项卡【SmartArt 样式】选项组中的【其他】按钮,在弹出的列表中选择一种样式(见下图)。

② 应用样式

单击将其应用到 SmartArt 图形上(见下图)。

③ 更改 SmartArt 图形颜色

选择 SmartArt 图形后,单击【SmartArt 工具】➤【设计】选项卡中的【更改颜色】按钮,在弹出的下拉列表中选择一种颜色(见下页图)。

4 查看更改效果

更改 SmartArt 图形颜色后的效果如右栏图所示。

3.4 使用图表设计业绩综述和地区销售幻灯片

本节视频教学时间 / 5 分钟

本节将通过应用图表让"销售业绩"演示文稿的数据显示得更加直观。

3.4.1 了解图表

在学习向幻灯片中插入图表之前，先来了解一下图表的作用及分类。

1. 图表的作用

形象直观的图表与文字数据相比更容易让人接受，在幻灯片中插入图表可以使幻灯片的显示效果更好（见下图）。

2. 图表的分类

在 PowerPoint 2019 中，可以插入到幻灯片中的图表包括柱形图、折线图、饼图、条形图、面积图、XY（散点图）、地图、股价图、曲面图、雷达图、树状图、旭日图、直方图、箱形图、瀑布图、漏斗图以及组合图表等。【插入图表】对话框有图表的分类（见下页图）。

3.4.2 插入图表

柱形图是最常用的图表，下面在"业绩综述"幻灯片中插入柱形图来展现业绩。

1 选择【簇状柱形图】选项

选择"业绩综述"幻灯片，然后单击【插入】选项组中的【图表】按钮，弹出【插入图表】对话框，在右侧的列表中选择【簇状柱形图】选项，单击【确定】按钮（见下图）。

2 输入柱形图数据

弹出【Microsoft PowerPoint 中的图表】文件，在单元格中输入要显示的数据，根据需要调整蓝色线区域大小（输入的数据资料可参考"素材\ch03\销售业绩数据 .xlsx"）（见右栏图）。

3 插入柱形图

关闭 Excel 表后，返回到幻灯片中即可看到已经插入的柱形图（见下图）。

4 更改图表样式

选中图形，在【图表工具】➤【设计】选项卡下单击【图表样式】选项组中的【其他】按钮，在弹出的列表中选择一种即可（见下页图）。

⑤ 调整图表

调整图表的位置和大小，效果如下图所示。

3.4.3 创建其他图表

除了使用柱形图显示数据变化外，我们还经常使用折线图显示连续的数据，使用饼图显示个体与整体的关系，使用条形图比较两个或多个项之间的差异。这些操作方法与柱形图相似，不再赘述。本节在"地区销售"幻灯片中插入一个饼图。

1 插入饼图

选择"地区销售"幻灯片，单击幻灯片文本框中的【插入图表】按钮，在弹出的【插入图表】对话框中选择饼图的一种，然后在弹出的 Excel 文件中输入相关数据内容（可参考"素材 \ch03\地区销售数据 .xlsx"）（见下图）。

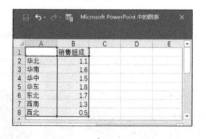

2 修饰饼图

关闭 Excel 文件，返回到幻灯片中即可看到插入的一个饼图。使用【图表工具】选项卡对饼图修饰后效果如下图所示。

3.5 设计未来展望幻灯片内容

本节视频教学时间 / 3 分钟

在"未来展望"幻灯片中，使用形状和文字来展示内容。

1 选择【上箭头】选项

选择"未来展望"标题幻灯片，单击【插入】选项卡中【插图】选项组中的【形状】按钮，在弹出的列表中选择【上箭头】选项（见下页图）。

2 绘制上箭头并设置箭头样式

在幻灯片中拖曳鼠标绘制一个上箭头，然后在【绘图工具】➤【格式】选项卡下设置【形状样式】为【中等效果 - 橄榄色，强调颜色 3】样式，效果如下图所示。

3 设置矩形样式

在【形状】列表中单击【矩形】选项，然后在幻灯片中拖曳鼠标插入一个矩形，设置矩形的【形状样式】为【彩色轮廓 - 橙色，强调颜色 6】，效果如下图所示。

4 调整箭头和矩形图标

调整箭头和矩形的位置，将矩形形状置于底层，然后将两者组合起来（见下图）。

5 绘制其他形状并输入文本内容

重复以上步骤绘制其他形状，并输入文本内容（见下图）。

6 制作完成

至此，"销售业绩"演示文稿制作完成（见下图）。

技巧 1 ● 将文本转换为 SmartArt 图形

在演示文稿中，我们可以将幻灯片中的文本转换为 SmartArt 图形，以便在 PowerPoint 2019 中可视地显示信息，而且可以对其布局进行设置。我们还可以更改 SmartArt 图形的颜色或向其添加 SmartArt 样式来自定义 SmartArt 图形。

1 打开演示文稿

打开"素材 \ch03\ 报道流程
.pptx"，单击内容文字占位符的边框
（见下图）。

2 选择形状样式

单击【开始】选项卡【段落】选项组中的【转换为 SmartArt 图形】按钮，在弹出的菜单中选择一种形状样式（见下图）。

3 换为 SmartArt 图形

此时，即可将文本转换为 SmartArt 图形（见右栏图）。

> **提示**
> 也可单击【转换为 SmartArt 图形】下拉菜单中的【其他 SmartArt 图形】选项，从弹出的【选择 SmartArt 图形】对话框中选择所要转换的图形。

4 调整 SmartArt 图形

在【SmartArt 工具】▶【设计】选项卡下，将其【版式】更改为【重复蛇形流程】，更改【SmartArt 样式】为【砖块场景】，将其【更改颜色】设置为【彩色范围 - 个性色 5-6】，最终效果如下图所示。

技巧2 ● 创建漏斗图

在 PowerPoint 2019 中新增了【漏斗图】图表类型。漏斗图一般用于业务流程比较规范、周期长、环节多的流程分析，通过各个环节业务数据的对比，发现并找出问题所在。

1 插入漏斗图

启动 PowerPoint 2019 软件，新建一个空白的演示文稿，单击【插入】选项卡下【插图】选项组中的【图表】按钮。弹出【插入图表】对话框，在左侧列表中选择【漏斗图】选项，单击【确定】按钮（见下图）。

2 输入数据

弹出【Microsoft PowerPoint 中的图表】文件，在单元格中输入要显示的数据（见下图）。

3 选择图表样式

关闭 Excel 表后返回到幻灯片中即可看到插入的漏斗图。在【图表工具】▷【设计】选项卡的【图表样式】选项组中选择一种图表样式，最终效果如下图所示。

举一反三

除了本章介绍的"销售业绩"演示文稿可以使用图表、形状、SmartArt图形外，还有很多类型的演示文稿经常使用这些元素。使用这些元素不但可以简化文字使用，而且可以更清楚地表达作者意图，达到事半功倍的效果（见下页图）。

第 4 章

使用动画和切换效果——制作 "企业策划案" 演示文稿

本章视频教学时间 / 29 分钟

重点导读

在演示文稿中添加适当的动画，可以使演示文稿的播放效果更加形象，也可以使一些复杂内容逐步显示以便观众理解。

学习效果图

4.1 动画要素及使用原则

本节视频教学时间 / 6 分钟

在制作演示文稿的时候，通过使用动画效果可以大大提高演示文稿的表现力，动画展示的过程可以起到画龙点睛的作用。

4.1.1 动画的要素

动画可以给文本或对象添加特殊视觉或声音效果。例如，动画可以使文本项目符号逐字从左侧飞入，或在显示图片时播放掌声。

1. 过渡动画

使用颜色和图片可以引导章节过渡，学习了动画使用后，也可以用翻页动画这个新手段来实现章节之间的过渡。

通过翻页动画，可以提示观众幻灯片过渡到了新一章或新一节。选择翻页时不能选择太复杂的动画，整个演示文稿中幻灯片的过渡都向一个方向动起来即可。

2. 重点动画

用动画来强调重点内容被普遍运用在演示文稿的制作中。在日常的演示文稿制作中，重点动画能占到演示文稿动画的 80%。如讲到某重点内容时使用相应的动画，在用鼠标单击或鼠标光标经过该重点内容时使其产生一定的动作，则会更容易吸引观众的注意力。

在使用强调效果强调重点动画的时候，可以使用进入动画效果进行设置。

在使用重点动画的时候要避免使动画复杂至极而影响表达力，谨慎使用蹦字动画，尽量少设置慢动作的动画速度。

另外，使用颜色的变化与出现、消失效果的组合，这样构成的前后对比也是强调重点动画的一种方法。

4.1.2 动画的使用原则

在使用动画的时候，要遵循动画的醒目、自然、适当、简化及创意原则。

1. 醒目原则

使用动画是为了使重点内容等显得醒目，因此在使用动画时要遵循醒目原则。

例如，用户可以给幻灯片中的图形设置【加深】动画，这样在播放幻灯片的时候中间的图形就会加深颜色显示，从而使其显得更加醒目。

2. 自然原则

无论是使用的动画样式，还是设置的文字、图形元素的顺序，都要在设计时遵循自然的原则。使用的动画不能显得生硬，也不能脱离具体的演示内容。

3. 适当原则

在演示文稿中使用动画要遵循适当原则，既不可以每页每行字都有动画，造成动画满天飞、滥用动画及错用动画，也不可以在整个演示文稿中不使用任何动画。

动画满天飞容易分散观众的注意力，打乱正常的演示过程，也容易给人一种是在展示 PPT 的软件功能，而不是通过演示表达信息的感觉。而另一种不使用任何动画的极端行为，也会使观众觉得枯燥无味，同时有些问题也不容易解释清楚。因此，在演示文稿中使用动画要适当，要结合演示文稿传达的意思来使用动画。

4. 简化原则

有些时候演示文稿中某页幻灯片中的构成元素不可避免地繁杂，例如使用大型的组织结构图、流程图等表达复杂内容的时候，尽管使用简单的文字、清晰的脉络去展示，但还是会显得复杂。这个时候如果使用恰当的动画将这些大型的图表化繁为简，运用逐步出现、讲解、再出现、再讲解的方法，则可以将观众的注意力随动画和讲解集中在一起。

5. 创意原则

为了吸引观众的注意力，在演示文稿中使用动画是必不可少的。并非任何动画都可以吸引观众，如果质量粗糙或者使用不当，观众只会疲于应付，反而会分散他们对演示文稿内容的关注。因此，使用演示文稿动画的时候，要有创意。例如可以使用【陀螺旋】动画，在扔出扑克牌的时候使用魔术师变出扑克牌的动画，这样会产生更好的效果。

4.2 创建动画

本节视频教学时间 / 5 分钟

使用动画可以让观众将注意力集中在要点和信息流上，还可以提高观众对演示文稿的兴趣。PowerPoint 2019 中可以将动画效果应用于个别幻灯片上的文本或对象、幻灯片母版上的文本或对象，或者自定义幻灯片版式上的占位符。

4.2.1 创建进入动画

可以为对象创建进入动画。例如，使对象逐渐淡入焦点，从边缘飞入幻灯片或者跳入视图中。

1 打开文件并选择"企业策划案"文本框

打开"素材 \ch04\ 企业策划案 .pptx"，选择"企业策划案"文本框（见下页图）。

2 创建进入动画效果

单击【动画】选项卡【动画】选项组中的【其他】按钮，弹出动画下拉列表，在下拉列表的【进入】区域中选择【飞入】选项，创建进入动画效果（见下图）。

3 效果图

添加动画效果后，文字对象前面将显示一个动画编号标记（见下图）。

📢 **提示**

创建动画后，幻灯片中的动画编号标记在打印时不会被打印出来。

4.2.2 创建强调动画

可以为对象创建强调动画，包括使对象缩小或放大、更改颜色或沿着其中心旋转等。

1 选择要创建动画效果的文字

选择幻灯片中要创建强调动画效果的文字"——XX公司管理软件"（见下图）。

2 添加【放大/缩小】动画效果

单击【动画】选项卡【动画】选项组中的【其他】按钮，在弹出的下拉列表的【强调】区域中选择【放大/缩小】选项，即可添加动画（见右栏图）。

4.2.3 创建动作路径动画

可以为对象创建动作路径动画，使用这些动画可以使对象上下、左右移动或者沿着星形、圆形图案移动。

1 选择相应文本框并选择动画效果

选择第2张幻灯片，选择【策划案内容】文本框，单击【动画】选项卡【动画】选项组中的【其他】按钮，在弹出的下拉列表的【动作路径】区域中选择【弧形】选项（见下图）。

2 创建【弧形】效果

单击后即可为此对象创建【弧形】路径动画效果（见下图）。

3 创建【直线】效果

使用同样的方法，为其他文本内容创建【直线】路径动画效果（见右栏图）。

4 选择矩形框并单击【自定义路径】按钮

选择第3张幻灯片，选择"销售目标"矩形框，然后在动画列表中的【动作路径】区域中单击【自定义路径】按钮（见下图）。

5 绘制动画路径

此时，光标变为"十"字型，在幻灯片上绘制出动画路径（见下图）。

6 创建自定义路径动画

按【Enter】键确认，即可完成路径动画的自定义（见右栏图）。

4.2.4 创建退出动画

可以为对象创建退出动画，这些效果包括使对象飞出幻灯片、从视图中消失或者从幻灯片旋出等。

1 选择文本对象

切换到第 4 张幻灯片，选择"谢谢观赏！"文本对象（见下图）。

2 创建"弹跳"动画效果

单击【动画】选项卡【动画】选项组中的【其他】按钮，在弹出的下拉列表的【退出】区域中选择【弹跳】选项即可为对象创建"弹跳"动画效果（见下图）。

4.3 设置动画

本节视频教学时间 / 4 分钟

【动画窗格】显示了有关动画效果的重要信息，如效果的类型、多个动画效果之间的相对顺序、受影响对象的名称以及效果的持续时间等。

4.3.1 查看动画列表

单击【动画】选项卡【高级动画】选项组中的【动画窗格】按钮，可以在【动画窗格】窗格中查看幻灯片上所有动画的列表（见下页图）。

【动画列表】中各选项的含义如下。

（1）编号：表示动画效果的播放顺序，此编号与幻灯片上显示的不可打印的编号标记是相对应的。

（2）时间线：代表效果的持续时间。

（3）图标颜色：代表动画效果的类型。

（4）菜单图标：选择列表中的项目后会看到相应菜单图标（向下箭头） ▼ ，单击该图标即可弹出如下图所示的下拉菜单。

4.3.2 调整动画顺序

在放映过程中，可以对幻灯片播放的顺序进行调整。

1 单击【动画窗格】按钮

选择第2张幻灯片，单击【动画】选项卡【高级动画】选项组中的【动画窗格】按钮，弹出【动画窗格】窗格（见下图）。

2 调整动画顺序

选择【动画窗格】窗格中需要调整顺序的动画，如选择动画3，然后单击【动画窗格】窗格上方的向上按钮 ▲ 或向下按钮 ▼ 进行调整（见下图）。

除了使用【动画窗格】窗格调整动画顺序外，也可以使用【动画】选项卡调整动画顺序。

1 选中标题动画并单击【向后移动】按钮

选择第1张幻灯片，并选中标题动画，单击【动画】选项卡【计时】选项组中【对动画重新排序】区域的【向后移动】按钮（见下页图）。

② 排列动画顺序

此时，即可将此动画向后移动一个次序，在【幻灯片】窗格中可以看到此动画前面的编号发生了改变（见右栏图）。

4.3.3 设置动画时间

创建动画后，可以在【动画】选项卡上为动画指定开始方式、持续时间和延迟时间。

① 选择开始方式

选择第2张幻灯片中的弧形动画，在【计时】选项组中单击【开始】菜单右侧的下拉箭头，然后从弹出的下拉列表中选择所需的开始方式（见下图）。

② 设置延迟时间

在【计时】选项组中的【持续时间】文本框中输入所需的时间，或者单击【持续时间】微调框的微调按钮来调整动画要运行的持续时间。在【延迟】微调框中可以设置动画的延迟时间（见下图）。

4.4 编辑动画

本节视频教学时间 / 4分钟

动画效果添加完成后，用户还可根据需要对动画进行编辑，如设置触发动画、复制动画效果、测试动画、移除动画等。

4.4.1 触发动画

触发动画是设置动画的特殊开始条件。

① 选择【副标题2】选项

选择结束幻灯片的动画，单击【动画】选项卡【高级动画】选项组中的【触发】按钮，在弹出的下拉菜单的【通过单击】子菜单中选择【副标题2】选项（见右栏图）。

2 查看效果

创建触发动画后的动画编号变为 ⚡ 图标，在放映幻灯片时，用鼠标指针单击设置过动画的对象后，即可显示动画效果（见右栏图）。

4.4.2 复制动画效果

在 PowerPoint 2019 中，可以使用动画刷复制一个对象的动画，并将其应用到另一个对象。

1 单击【动画刷】按钮

选择要复制的动画，单击【动画】选项卡【高级动画】选项组中的【动画刷】按钮，此时幻灯片中的鼠标指针变为动画刷的形状 （见下图）。

2 复制动画效果

在幻灯片中，用动画刷单击要复制动画的对象，即可复制动画效果（见下图）。

4.4.3 测试动画

为文字或图形对象添加动画效果后，可以单击【动画】选项卡【预览】选项组中的【预览】按钮，验证它们是否起作用。单击【预览】按钮下方的下拉按钮，弹出下拉列表，包括【预览】和【自动预览】两个选项。勾选【自动预览】复选框后，每次为对象创建完动画，即可自动在【幻灯片】窗格中预览动画效果（见下图）。

4.4.4 移除动画

为对象创建动画效果后，也可以根据需要移除动画。移除动画的方法有以下两种。

1 选择【无】选项

单击【动画】选项卡【动画】选项组中的【其他】按钮▼，在弹出的下拉列表的【无】区域中选择【无】选项（见下图）。

2 选择【删除】选项

单击【动画】选项卡【高级动画】选项组中的【动画窗格】按钮，在弹出的【动画窗格】窗格中选择要移除动画的选项，然后单击菜单图标（向下箭头），在弹出的下拉列表中选择【删除】选项即可（见下图）。

4.5 为幻灯片添加切换效果

本节视频教学时间 / 7分钟

幻灯片切换效果是指在放映期间，一张幻灯片切换到下一张幻灯片时在【幻灯片放映】视图中出现的动画效果。这可以使幻灯片的放映更生动。

4.5.1 添加切换效果

PowerPoint 2019 提供的切换效果类型有细微、华丽、动态内容 3 种类型（见下图）。

1. 添加切换效果

1 选择要添加切换效果的幻灯片

选择第 1 张幻灯片，单击【切换】选项卡下【切换到此幻灯片】选项组中的【其他】按钮▼（见下图）。

2 添加【分割】切换效果

在弹出的下拉列表的【细微】区域中选择一个细微型切换效果，如选择【分割】选项，即可为选中的幻灯片添加【分割】切换效果（见下图）。

3 添加【页面卷曲】切换效果

使用同样的方法为第 2 张幻灯片添加【页面卷曲】切换效果（见右栏图）。

4 添加【旋转】切换效果

使用同样的方法为第 3 张幻灯片添加【旋转】切换效果（见下图）。

5 添加【帘式】切换效果

使用同样的方法为第 4 张幻灯片添加【帘式】切换效果（见下图）。

2. 设置切换效果的属性

PowerPoint 2019 中的部分切换效果具有可自定义的属性，我们可以对这些属性进行自定义设置。

选择第 3 张幻灯片，在【切换】选项卡的【切换到此幻灯片】选项组中单击【效果选项】按钮。从弹出的下拉列表中选择其他选项可以更改切换效果的切换起始方向，如要将默认的【自右侧】更改为【自顶部】效果即可（见下页图）。

3. 为切换效果添加声音

如果想使切换效果更生动，我们可以为其添加声音效果。

选择第 2 张幻灯片，然后在【切换】选项卡的【计时】选项组中单击【声音】后的下拉按钮，在弹出的下拉列表中选择需要的声音效果，如选择【微风】选项即可为切换效果添加【微风】效果（见下图）。

> **提示**
>
> 也可以从弹出的下拉列表中选择【其他声音】选项，在弹出的【添加音频】对话框中，选择要添加的音频文件，来添加自己想要的效果切换。

4. 设置效果的持续时间

切换幻灯片时，用户可以为其设置持续时间从而控制切换速度，这样更便于查看幻灯片的内容。

单击演示文稿中的一张幻灯片，在【切换】选项卡的【计时】选项组中单击【持续时间】微调按钮，或者直接在文本框中输入所需的时间，即可调整持续时间（见下图）。

5. 设置切换方式

在【切换】选项卡的【计时】选项组单击【换片方式】区域可以设置幻灯片的切

换方式。单击选中【单击鼠标时】复选框，可以设置单击鼠标来切换放映幻灯片的切换方式（见下图）。

也可以单击选中【设置自动换片时

间】复选框，在【设置自动换片时间】文本框中输入自动换片的时间以自动设置幻灯片的切换。

> **提示**
>
> 【单击鼠标时】复选框和【设置自动换片时间】复选框可以同时单击选中，这样切换时既可以单击鼠标切换，也可以按设置的自动切换时间切换。

4.5.2 全部应用切换效果

如果演示文稿中的所有幻灯片要应用相同的切换效果，我们可以在【切换】选项卡的【计时】选项组中单击【全部应用】按钮来实现。

1 选择【剥离】切换效果

选择第1张幻灯片，然后在【切换】选项卡的【切换到此幻灯片】选项组中单击【其他】按钮 ，在【华丽】区域中选择一个切换效果，如选择【剥离】切换效果（见下图）。

2 单击【全部应用】按钮

在【切换】选项卡的【计时】选项组中单击【应用到全部】按钮，即可为所有的幻灯片使用设置的切换效果（见下图）。

4.5.3 预览切换效果

为幻灯片设置切换效果后，除了可以在放映幻灯片时观看切换的效果，还可以在设置切换效果后直接预览。

预览切换效果的具体操作方法：选中设置过切换效果的幻灯片，在【切换】选项卡的【预览】选项组中单击【预览】按钮，即可预览切换效果（见下图）。

高手私房菜

技巧 1 ● 设置封闭路径的动画

在 PowerPoint 2019 中可以为幻灯片中的内容添加封闭路径的动画效果。

1 选择对象

选择第 3 张幻灯片，在其中选择要设置封闭路径动画的对象（见下图）。

2 选择【形状】选项

单击【动画】选项卡【动画】选项组中的【其他】按钮，在弹出的下拉列表的【动作路径】区域中选择【形状】选项（见下图）。

3 根据需要设置形状

单击【动画】选项卡【动画】选项组中的【效果选项】按钮，在弹出的下拉列表中可以看到，默认的形状是"圆"，用户可根据需要在【形状】区域中选择不同的封闭形状，并设置形状的【序列】【质朴】以及【路径】选项（见下图）。

技巧 2 ● 鼠标滑过的动画触发技巧

在 PowerPoint 2019 中可以通过插入动作，来实现鼠标滑过时触发动画的操作。

1 选择【动作按钮：空白】选项

在"企业策划案.pptx"演示文稿中选择第3张幻灯片，单击【插入】选项卡下【插图】选项组中的【形状】按钮，在弹出的下拉列表中选择【动作按钮】区域中的【动作按钮：空白】选项（见下图）。

2 绘制按钮并设置【操作设置】对话框

在幻灯片中按住鼠标左键绘制按钮，绘制完成后松开鼠标左键，弹出【操作设置】对话框，选择【鼠标悬停】选项卡，单击选中【超链接到】下方的下拉按钮，在弹出的下拉列表中选择【幻灯片】选项（见下图）。

3 选择要链接的幻灯片

弹出【超链接到幻灯片】对话框，在【幻灯片标题】列表中选择要链接的幻灯片，这里选择"1.企业策划案"幻灯片，单击【确定】按钮（见下图）。

4 设置完成

返回【操作设置】对话框，单击【确定】按钮。当放映此幻灯片时，将鼠标光标放在添加的动作按钮上，即可跳转至第1张幻灯片（见下图）。

一般公司在制作关于企业策划案的演示文稿时，为了使演讲不那么枯燥，都会选择给演示文稿中插入一些动画元素，这样可以使演示文稿更加活泼、生动、形象。公司在制作销售业绩报告时一般也会这样做。对比较枯燥无聊的演示文稿也可以添加动画效果以达到吸引目光的目的（见下图）。

第 5 章

添加多媒体元素——制作"圣诞节卡片"演示文稿

本章视频教学时间 / 31 分钟

🎧 重点导读

在制作的演示文稿中添加各种多媒体元素能够使演示文稿更富有感染力。

本章中，我们在"圣诞节卡片"演示文稿中添加音频和视频文件，让"圣诞节卡片"演示文稿的效果更丰富、更完整。

📖 学习效果图

5.1 设计"圣诞节卡片"演示文稿

本节视频教学时间 / 4 分钟

送朋友一张自己亲手制作的圣诞贺卡，让这个圣诞节过得更有意义。

1 选择艺术字

打开"素材 \ch05\ 圣诞节卡片.pptx"，选择第 1 张幻灯片，单击【插入】选项卡下【文本】选项组中的【艺术字】按钮，在弹出的下拉列表中选择一种艺术字（见下图）。

2 输入标题并设置字体样式

在艺术字文本框中输入"圣诞节快乐！"，设置艺术字【字体】为【华文行楷】、【字号】为【96】、【字体颜色】为【褐色，个性色5】，效果如下图所示。

3 插入图片并调整图片位置

选择第 2 张幻灯片，单击【插入】选项卡中【图像】选项组中的【图片】按钮，在弹出的【插入图片】对话框中选择"素材 \ch05"中的"圣诞节 -1.png"和"圣诞节 -2.jpg"，并且调整图片位置（见下图）。

4 输入文本并设置字体样式

在【插入】选项卡中的【文本】选项组中单击【文本框】按钮，插入一个横排文本框，在其中输入文本后，设置文本字体、字号、颜色等样式如下图所示。

5 插入图片并调整其位置和大小

选择第 3 张幻灯片，插入"素材 \ch05\ 圣诞节 -3.png"，并调整图片位置和大小（见下页图）。

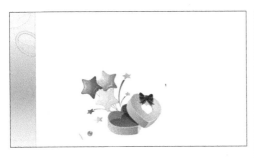

6 插入"圣诞节 -4.jpg"图片并调整位置和大小

选择第 4 张幻灯片，单击占位符中

的【图片】按钮，在弹出的对话框中插入"素材 \ch05\ 圣诞节 -4.jpg"，调整图片的位置和大小，效果如下图所示。

5.2 添加音频

本节视频教学时间 / 3 分钟

PowerPoint 2019 中，我们既可以添加来自文件、剪贴画的音频，使用 CD 中的音乐，还可以自己录制音频并将其添加到演示文稿中。

5.2.1 PowerPoint 2019 支持的声音格式

PowerPoint 2019 支持的声音格式很多，下表所列音频格式都可以添加到 PowerPoint 2019 中。

音频文件	音频格式
AIFF 音频文件（aiff）	*.aif 、*.aifc 、*.aif
AU 音频文件（au）	*au 、*.snd
MIDI 文件（midi）	*.mid 、*.midi 、*.rmi
MP3 音频文件（mp3）	*.mp3 、*.m3u
Windows 音频文件（wav）	*.wav
Windows Media 音频文件（wma）	*.wma 、*.wax
QuickTime 音频文件（aiff）	*.3g2 、*.3gp 、*.aac 、*.m4a 、*.m4b 、*.mp4

5.2.2 添加文件中的音频

制作演示文稿时，保存在电脑中的所有音频文件（只包括支持格式）都可以插入幻灯片。

1 选择【PC 上的音频】选项

选择第 1 张幻灯片，在【插入】选项卡中的【媒体】选项组中单击【音频】下三角按钮，在弹出的列表中选择【PC 上的音频】选项（见下页图）。

② 插入音频文件

弹出【插入音频】对话框，在【查找范围】文本框中查找音频文件所在的位置，选择文件后单击【插入】按钮（见下图）。

③ 查看效果

返回到幻灯片中即可看到已插入的音频文件（见右栏图）。

④ 调整音频符号位置

选中音频，用鼠标拖动至合适的位置即可（见下图）。

提示

如果有需要还可以录制音频。在【插入】选项卡中的【媒体】选项组中单击【音频】下三角按钮，在弹出的列表中选择【录制音频】选项，弹出【录音】对话框，单击【录音】按钮，即可开始录制。

5.3 播放音频与设置音频

本节视频教学时间 / 7 分钟

添加音频后，可以播放，也可以进行设置效果、剪裁音频及在音频中插入书签等操作。

5.3.1 播放音频

在幻灯片中插入音频文件后，可以试听效果。播放音频的方法有以下两种。

1. 单击音频工具中的【播放】按钮

选中插入的音频文件后，单击音频文件图标下的【播放】按钮即可播放音频（见下页图）。

2. 单击功能区中的【播放】按钮

在【音频工具】▶【播放】选项卡中

的【预览】选项组中单击【播放】按钮
即可播放插入的音频文件（见下图）。

5.3.2 设置播放效果

演示时，我们可以将音频设置为在显示幻灯片时自动开始播放、在单击鼠标时开始播放或按照单击顺序播放演示文稿中的所有音频，甚至可以循环播放音频直至结束。

1 设置音量高低

选中幻灯片中添加的音频文件，可以在【音频工具】▶【播放】选项卡的【音频选项】选项组中单击【音量】下三角按钮，在弹出的列表中选择【中等】选项（见下图）。

2 设置音频播放方式

单击【开始】后的下三角按钮，弹出的下拉列表中包括【自动】、【单击时】和【按照单击顺序】3 个选项。这里选择【自动】选项，将音频设置为在显示幻灯片时自动开始播放（见右栏图）。

3 隐藏音频图标

单击选中【放映时隐藏】复选框，可以在放映幻灯片时将音频图标隐藏，直接根据设置播放（见下图）。

4 循环播放

同时单击选中【循环播放，直到停止】和【播放完毕返回开头】复选框可以使该音频文件循环播放（见下图）。

5.3.3 添加渐强渐弱效果

在演示文稿中添加音频文件后，除了可以设置播放选项，还可以在【音频工具】▶【播放】选项卡的【编辑】选项组中为音频文件添加渐强和渐弱的效果（见下图）。

在【淡化持续时间】区域的【渐强】文本框中输入数值，可以在音频开始的几秒钟内使用渐强效果。在【渐弱】文本框中输入数值，则可以在音频结束前的几秒钟内使用渐弱效果。

5.3.4 剪辑音频

插入音频文件后，我们可以在每个音频的开头和末尾处对其进行修剪。这样便可以缩短音频时间以使其与幻灯片的播放相适应。

1 单击【剪裁音频】按钮

在第1张幻灯片中选中插入的音频，然后在【音频工具】➤【播放】选项卡的【编辑】选项组中单击【剪裁音频】按钮（见下图）。

2 修剪音频起始位置

弹出【剪裁音频】对话框，单击对话框中显示的音频起点（最左侧的绿色标记），当鼠标指针显示为双向箭头时，按住鼠标左键将箭头拖动到所需的音频起始位置处，即可修剪音频文件的起始部分（见下图）。

3 剪辑音频结束位置

单击对话框中显示的音频终点（最

右侧的红色标记），当鼠标指针显示为双向箭头时，按住鼠标左键将箭头拖动到所需的音频剪辑结束位置处，即可修剪音频文件的末尾（见下图）。

4 试听音频并完成裁剪

单击对话框中的【播放】按钮可试听调整效果，单击【确定】按钮即可完成音频的剪裁（见下图）。

> **📢 提示**
>
> 也可以在【开始时间】微调框和【结束时间】微调框中输入精确的数值来剪裁音频文件。

5.3.5 在音频中插入书签

在添加的音频文件中还可以插入书签以指定音频中的关注点，也可以在放映幻灯片时利用书签快速查找音频中的特定点。

1 播放音频

选择音频文件后，单击音频文件图标下的【播放】按钮播放音频（见下页图）。

【书签】选项组中单击【添加书签】按钮，即可为当前时间点的音频添加书签，书签显示为黄色圆球状（见下图）。

2 将音频添加书签

在【音频工具】➤【播放】选项卡的

5.3.6 删除音频

若发现插入的音频文件不是想要的，可以将其删除。

在普通视图状态下，选中插入的音频文件的图标，按【Delete】键即可将该音频文件删除（见下图）。

5.4 添加视频

本节视频教学时间 / 3 分钟

使用 PowerPoint 2019 可以在演示文稿中链接外部视频文件或电影文件。本节我们就在"圣诞节卡片"演示文稿中链接视频文件，添加文件、网站及剪贴画中的视频，并介绍设置视频效果、样式等基本操作。

5.4.1 PowerPoint 2019 支持的视频格式

PowerPoint 2019 支持的视频格式比较多，下表所列视频格式都可以被添加到 PowerPoint 2019 中。

视频文件	视频格式
Windows Media 文件（asf）	*.asf 、*.asx 、*.wpl 、*.wm 、*.wmx 、*.wmd 、*.wmz 、*.dvr-ms
Windows 视频文件（avi）	*.avi
电影文件（mpeg）	*.mpeg 、*.mpg 、*.mpe 、*.mlv 、*.m2v 、*.mod 、*.mp2 、*.mpv2 、*.mp2v 、*.mpa
Windows Media 视频文件（wmv）	*.wmv 、*.wvx
QuickTime 视频文件	*.qt 、*.mov 、*.3g2 、*.3gp 、*.dv 、*.m4v 、*.mp4
Adobe Flash Media	*.swf

5.4.2 链接到视频文件

PowerPoint 2019 可以链接外部视频文件，通过链接视频，我们可以降低演示文稿的文件大小。

1 选择【PC 上的视频】选项

选择第 3 张幻灯片，在【插入】选项卡的【媒体】选项组中单击【视频】下三角按钮，在弹出的下拉列表中选择【PC 上的视频】选项（见下图）。

2 插入需要用的视频文件

弹出【插入视频文件】对话框，找到并选中所需要用的视频文件。这里选择"素材 \ch05\ 视频 .avi"文件，单击【插入】按钮（见下图）。

3 查看效果

此时，即可将选择的视频文件插入

到幻灯片页面中（见下图）。

4 调整视频位置

根据需要调整视频的位置及大小，效果如下图所示。

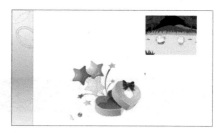

> **📢 提示**
>
> 在【视频】按钮下拉列表中单击【联机视频】按钮，弹出【插入视频】对话框，直接将播放器链接代码复制文本框中，单击【插入】按钮，所需要的视频文件将直接应用于当前幻灯片中。

5.5 预览视频与设置视频

本节视频教学时间 / 8 分钟

添加视频文件后，可以预览该视频，并设置相应效果。

5.5.1 预览视频

在幻灯片中插入视频文件后，可以播放该视频以查看效果。播放视频的方法有以下 2 种。

（1）选中插入的视频文件后，单击【视频工具】➤【播放】选项卡【预览】选项组中的【播放】按钮（见下图）。

（2）选中插入的视频文件后，单击视频文件图标左下方的【播放】按钮即可预览视频（见下图）。

1 预览视频文件

选择第 3 张幻灯片，单击插入的视频文件后，在【播放】选项卡的【预览】选项组中单击【播放】按钮预览插入的视频文件（见下图）。

2 暂停播放

单击【暂停】按钮后，即可暂停播放视频（见下图）。

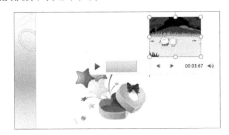

5.5.2 设置视频的颜色效果

在演示文稿中插入视频文件后，还可以对该视频文件进行颜色效果、视频样式及视频播放选项等设置。

1 调整视频的亮度和对比度

选择插入的视频文件，在【视频工具】➤【格式】选项卡的【调整】选项组中单击【更正】按钮，在弹出的下拉列表中选择【亮度：0%（正常）对比度：+20%】选项作为视频文件新的亮度和对比度（见下图）。

2 查看效果

调整亮度和对比度后的效果如下图所示。

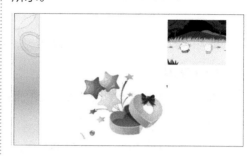

5.5.3 设置视频样式

在【视频工具】➤【格式】选项卡的【视频样式】选项组中可以对插入到演示文稿中的视频的形状、边框及视频的效果等进行设置，以便达到想要的效果。

1 选择视频文件的样式

选择视频文件，在【视频工具】➤【格式】选项卡的【视频样式】选项组中单击【其他】按钮，在弹出的下拉列表中的【中等】区域中选择【旋转，白色】选项作为视频样式（见下图）。

2 添加视频边框

在【视频工具】➤【格式】选项卡的【视频样式】选项组中单击【视频边框】按钮，在弹出的下拉列表中选择视频边框的主题颜色为【绿色，个性色4，淡色60%】（见下图）。

3 添加视频效果

在【视频工具】➤【格式】选项卡的【视频样式】选项组中单击【视频效果】按钮，在弹出的下拉列表中选择【映像】子菜单中的【半映像，8磅 偏移量】映像变体（见下图）。

④ 查看效果

调整视频样式后的效果如下图所示。

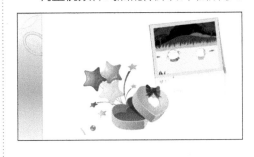

5.5.4 设置播放选项

演示时，可以将插入或链接的视频文件设置为在显示幻灯片时自动开始播放，或在单击鼠标时开始播放。

① 设置音量大小

选中视频文件后，单击【视频工具】▶【播放】选项卡下【视频选项】选项组中的【音量】按钮，在弹出的下拉列表中可以设置音量的大小（见下图）。

② 控制启动视频时间

单击【开始】后的下三角按钮，在弹出的下拉列表中单击【单击时】选项可以通过单击鼠标来控制启动视频的时间（见下图）。

③ 视频文件全屏播放

单击选中【全屏播放】复选框，可以全屏播放幻灯片中的视频文件（见下图）。

④ 视频文件循环播放

单击选中【循环播放，直到停止】复选框和【播完完毕返回开头】复选框可以使该视频文件循环播放（见下图）。

> **提示**
>
> 单击选中【未播放时隐藏】复选框，可以将视频文件在未播放时设置为隐藏状态。设置视频文件为未播放时隐藏状态后，需要创建一个自动的动画来启动播放，否则在幻灯片放映的过程中将看不到此视频。

5.5.5 添加淡入淡出效果

添加视频文件后，在【播放】选项卡的【编辑】选项组中为视频文件添加淡入和淡出的效果（见下图）。

5.5.6 剪辑视频

在视频的开头和末尾处对视频进行修剪，可以缩短视频时间以使其与幻灯片的播放相适应。

■1 单击【剪裁视频】按钮

选择视频文件，在【视频工具】▷【播放】选项卡的【编辑】选项组中单击【剪裁视频】按钮（见下图）。

■2 设置视频时间

弹出【剪裁视频】对话框，在该对话框中可以看到视频的持续时间、开始时间及结束时间（见下图）。

■3 修剪视频起始位置

单击对话框中显示的视频起点（最左侧的绿色标记），当鼠标指针显示为双向箭头时，按住鼠标左键将箭头拖动到所需的视频起始位置处，即可修剪视频文件的开头部分（见下图）。

■4 修剪视频结束位置

单击对话框中显示的视频终点（最右侧的红色标记），当鼠标指针显示为双向箭头时，按住鼠标左键将箭头拖动到所需的视频剪辑结束位置处，即可修剪视频文件的末尾（见下页图）。

提示

可以在【开始时间】微调框和【结束时间】微调框中输入精确的数值来剪裁视频文件。剪辑之后，可以单击【播放】按钮观看调整效果，单击【确定】按钮即可完成视频的剪裁。

5.5.7 在视频中添加标签

在添加到演示文稿的视频文件中可以插入书签以指定视频中的关注点，也可以在放映幻灯片时利用书签直接跳至视频的特定位置。

1 播放音频

选择视频文件，单击视频文件下的【播放】按钮播放视频（见下图）。

提示

添加视频后如果发现不是所需要的，可以删除该视频文件，选中视频文件后直接按【Delete】键即可。

至此，就完成了圣诞节卡片的制作，单击【保存】按钮保存后就可以发给朋友欣赏了（见下图）。

2 为视频添加书签

在【视频工具】➤【播放】选项卡的【书签】选项组中单击【添加书签】按钮，即可为当前时间点的视频剪辑添加书签，书签显示为黄色圆球状（见下图）。

高手私房菜

技巧 1 ● 优化演示文稿中多媒体文件的兼容性

　　若要避免演示文稿中多媒体（例如视频或音频文件）出现播放问题，可以优化多媒体文件的兼容性，这样就可以轻松地与他人共享演示文稿或将其随身携带到另一个地方后（当要使用其他计算机在其他地方进行演示时）依然能顺利播放多媒体文件。

1 单击【优化兼容性】按钮

　　选择包含多媒体文件的幻灯片页面。单击【文件】选项卡，从弹出的下拉菜单中选择【信息】选项，单击窗口右侧显示出的【优化兼容性】按钮（见下图）。

2 优化多媒体兼容性

　　系统将自动优化媒体兼容性，优化多媒体文件的兼容性后，【信息】窗口中将不再显示【优化媒体兼容性】选项（见下图）。

技巧 2 ● 优秀演示文稿的关键要素

　　一个优秀的演示文稿往往具备以下 4 个要素。

1. 目标明确

　　制作演示文稿通常是为了追求简洁、明了的表达效果，以便有效地沟通。因此，一个优秀的演示文稿必须先确定一个合理明确的目标。

　　明确了目标，在制作演示文稿的过程中就不会偏离主题，制作出多页无用内容的幻灯片，也不会在一个文件里面讨论多个复杂问题。

2. 形式合理

　　演示文稿主要有两种用法：一是辅助现场演讲的演示，二是直接发送给观众自己阅读。要保证达到理想的效果，就必须针对不同的用法选用合理的形式。

如果制作的演示文稿用于演讲现场，就要全力服务于演讲。制作的演示文稿要多用图表和图示，少用文字，以使演讲和演示相得益彰。此外，还可以适当地运用特效及动画等功能，使演示效果更加丰富多彩。

发送给多个人员阅读的演示文稿，必须使用简洁、清晰的文字引领读者理解制作者的思路。

3. 逻辑清晰

制作演示文稿的时候既要使内容齐全、简洁、清晰，又必须建立清晰、严谨的逻辑。做到逻辑清晰，可以遵循幻灯片的结构逻辑，也可以运用常见的分析图表法。

在遵循幻灯片的结构逻辑制作幻灯片时，通常一个演示文稿会包括 10~30 张幻灯片，有封面页、结束页和内容页等。制作的过程中必须严格遵循大标题、小标题、正文、注释等内容层级结构。

运用常见的分析图表法可以便于带领观众共同分析复杂的问题。常用的流程图和矩阵分析图等可以帮助排除干扰，进一步理清思路和寻找解决方案。通过运用分析图表法可以使演讲者的表述更清晰，也更便于观众理解。

4. 美观大方

要使制作的演示文稿美观大方，具体可以从色彩和布局两个方面进行设置。

色彩是一门大学问，也是一个很感观的东西。演示文稿制作者在设置色彩时，要运用和谐但不张扬的颜色搭配。可以使用一些标准色，因为这些颜色都是大众容易接受的颜色。同时，为了方便辨认，制作演示文稿时应尽量避免使用相近的颜色。

幻灯片的布局要简单、大方，将重点内容放在显著的位置，以便观众一眼就能够看到。

举一反三

在演示文稿中使用多媒体元素，可以使演示文稿内容更加丰富，也更有感染力。在制作演示文稿时，适当插入一些与演示文稿主题内容一致的多媒体元素，可以达到事半功倍的效果。本章设计的"圣诞节卡片"演示文稿是一种内容活泼、形式多样、侧重与人交流感情的演示文稿。除此之外，此类演示文稿还包括生日卡片、新年贺卡、新婚请柬等类别（见下页图）。

轻松一刻

I believe in yourself, that tomorrow,
 my future is not a dream!

✜ 轻音乐　✜ 摇滚音乐

第 6 章

添加超链接和使用动作——
制作"绿色城市"演示文稿

本章视频教学时间 / 22 分钟

重点导读

在 PowerPoint 2019 中,我们通过使用超链接可以从一张幻灯片转至非连续的另一张幻灯片。本章将介绍创建超链接和创建动作的方法。

学习效果图

6.1 创建超链接

本节视频教学时间 / 8分钟 ▶

PowerPoint 中，超链接是从一张幻灯片跳到同一演示文稿中不连续的另一张幻灯片的链接。通过超链接，我们也可以从一张幻灯片跳到其他演示文稿中的幻灯片、电子邮件地址、网页以及其他文件等。我们可以对文本或其他对象创建超链接。

6.1.1 链接到同一演示文稿中的幻灯片

将"绿色城市"演示文稿中的文字链接到演示文稿的其他位置。

🗔 打开素材

打开"素材 \ch06\ 绿色城市 .pptx"，在普通视图中选择要用作超链接的文本，如选中文字"绿色城市"（见下图）。

🗵 单击【链接】按钮

单击【插入】选项卡【链接】选项组中的【链接】按钮（见下图）。

🗷 设置超链接文本

在弹出的【插入超链接】对话框左侧的【链接到】列表框中选择【本文档中的位置】选项，在右侧【请选择文档中的位置】列表中选择【幻灯片标题】下方的【3. 创建绿色生态城市】选项，单击【确定】按钮（见右栏图）。

🗷 添加超链接文本

此时，即可将选中的文本链接到演示文稿中的"创建绿色生态城市"幻灯片。添加超链接后的文本以蓝色、下划线字显示，放映幻灯片时，单击添加过超链接的文本即可链接到相应的位置（见下图）。

🗷 将幻灯片链接到另一幻灯片

按【Shift+F5】组合键放映当前幻灯片，单击创建了超链接的文本"绿色城市"，即可链接到另一幻灯片（见下页图）。

6.1.2 链接到不同演示文稿中的幻灯片

使用超链接也可以将文本链接到不同演示文稿中。

1 创建链接的文本

选择第 2 张幻灯片，选择要创建链接的文本，如选中文字"环境保护"（见下图）。

2 单击【链接】按钮

在【插入】选项卡的【链接】选项组中单击【链接】按钮（见下图）。

3 设置【插入超链接】对话框

在弹出的【插入超链接】对话框左侧的【链接到】列表框中选择【现有文件或网页】选项，选择"素材 \ch06\ 环境保护 .pptx"作为链接到幻灯片的演示文稿，单击【书签】按钮（见右栏图）。

4 选择幻灯片标题

在弹出的【在文档中选择位置】对话框中选择幻灯片标题，单击【确定】按钮（见下图）。

⑤ 将文本链接到另一演示文稿中

返回【插入超链接】对话框。可以看到选择的幻灯片标题也添加到【地址】文本框中，并单击【确定】按钮，即可将选中的文本链接到另一演示文稿中的幻灯片（见下图）。

⑥ 单击创建超链接文本

按【Shift+F5】组合键放映当前幻灯片，单击创建了超链接的文本"环境保护"，即可链接到另一演示文稿中的幻灯片（见下图）。

6.1.3 链接到 Web 上的页面或文件

使用超链接也可以将演示文稿中的文本链接到 Web 上的页面或文件，具体操作方法参考如下。

① 选择要用作超链接的文本

选择第 3 张幻灯片，在普通视图中选择要用作超链接的文本，如选中文字"花红"（见下图）。

② 单击【链接】按钮

在【插入】选项卡的【链接】选项组中单击【链接】按钮（见右栏图）。

③ 设置【插入超链接】对话框

在弹出的【插入超链接】对话框左侧的【链接到】列表框中选择【现有文件或网页】选项，在【查找范围】文本框右侧单击【浏览 Web】按钮（见下图）。

4 复制网址

在弹出的网页浏览器中打开要链接到的网页，如链接到百度首页，复制网页地址（见下图）。

5 插入超链接

返回【插入超链接】对话框，在下方的【地址】文本框中粘贴刚复制的链接，单击【确定】按钮（见右栏图）。

6 查看效果

单击【确定】按钮，即可将选中的文本链接到 Web 页面上（见下图）。

6.1.4 链接到电子邮件地址

将文本链接到电子邮件地址的具体操作方法如下。

1 选择要用作超链接的文本

选择第 2 张幻灯片，在普通视图中选择要用作超链接的文本，如选中文字"绿色生态"（见下图）。

2 设置【插入超链接】对话框

单击【链接】按钮，在弹出的【插入超链接】对话框左侧的【链接到】列表框中选择【电子邮件地址】选项，在【电子邮件地址】文本框中输入要链接到的电子邮件地址，在【主题】文本框中输入电子邮件的主题"环境"，单击【确定】按钮（见下图）。

提示

也可以在【最近用过的电子邮件地址】列表框中单击电子邮件地址。

3 将文本链接到电子邮件

将选中的文本链接到指定的电子邮件地址（见下图）。

6.1.5 链接到新文件

将文本链接到新文件的具体操作方法如下。

1 选择要作为超链接的文本

选择第2张幻灯片，在普通视图中选择要用作超链接的文本，如选中文字"生态建设"（见下图）。

2 单击【链接】按钮

在【插入】选项卡的【链接】选项组中单击【链接】按钮（见下图）。

4 将幻灯片链接到电子邮件

按【Shift+F5】组合键放映当前幻灯片，单击创建了超链接的文本"绿色生态"，即可链接到电子邮件（见下图）。

3 设置【插入超链接】对话框

在弹出的【插入超链接】对话框左侧的【链接到】列表框中选择【新建文档】选项，在【新建文档名称】文本框中输入要创建并链接到的文件的名称"生态建设"，单击【确定】按钮（见下图）。

提示

如果要在另一位置创建文档,可在【完整路径】区域单击【更改】按钮,在弹出的【新建文档】对话框中选择要创建文件的位置,然后单击【确定】按钮。

4 查看效果

此时,即可创建一个新的名称为"生态建设"的演示文稿(见右栏图)。

6.2 创建动作

本节视频教学时间 / 6 分钟

在 PowerPoint 中,可以为幻灯片、幻灯片中的文本或对象创建超链接到幻灯片中,也可以创建动作到幻灯片中。

6.2.1 创建动作按钮

创建动作按钮的具体操作方法如下。

1 选择第 2 张幻灯片

打开要创建动作按钮的幻灯片,这里选择第 2 张幻灯片(见下图)。

2 选择要插入的动作按钮图标

在【插入】选项卡的【插图】选项组中单击【形状】按钮,在弹出的下拉列表中选择【动作按钮】区域的【动作按钮: 后退或前一项】图标(见右栏图)。

3 设置【操作设置】对话框

在幻灯片的左下角按住鼠标左键并

拖曳到适当位置处，弹出【操作设置】对话框。选择【单击鼠标】选项卡，在【单击鼠标时的动作】区域中单击选中【超链接到】单选按钮，并在其下拉列表中选择【上一张幻灯片】选项，单击【确定】按钮（见下图）。

4 插入动作按钮

此时，即可在幻灯片中插入动作按钮，插入后效果如下图所示。

5 添加动作按钮

重复上述步骤，为第 3 张幻灯片添加动作按钮，并超链接到第 1 张幻灯片（见下图）。

6 查看效果

此时，即可在第 3 张幻灯片中添加一个动作按钮。按【Shift+F5】组合键放映当前幻灯片，在幻灯片中单击动作按钮即可实现相应操作（见下图）。

6.2.2 通过平滑切换添加动作

平滑切换是 PowerPoint 2019 中幻灯片切换效果中的一种，使用平滑切换可以使得页面之间的切换无缝连接。默认情况下，实现切换的两张幻灯片中必须要有同一类型的形状，只有这样才能实现平滑切换效果。比如在本案例中第 2 张和第 3 张幻灯片中都有相同的动作按钮，下面将通过更改第 3 张幻灯片中动作按钮的大小、位置以及形状样式，来演示页面之间的平滑过渡。

1 更改动作按钮的大小和位置

选择第3张幻灯片中的动作按钮，调整其大小，并将其移动到合适的位置（见下图）。

2 更改动作按钮的形状样式

选择【绘图工具】➤【格式】选项卡下【形状样式】选项组中的【其他】按钮，在弹出的下拉列表中选择一种形状样式。这里选择【预设】组中的【透明，彩色轮廓 - 蓝色，强调颜色1】（见下图）。

3 查看效果

返回幻灯片页面中，即可看到设置的形状样式，效果如右栏图所示。

4 添加【平滑】切换效果

选择第3张幻灯片，选择【切换】选项卡，单击【切换到此幻灯片】选项组中的【平滑】选项（见下图）。

5 预览效果

此时，即可为动作按钮添加平滑动作，单击【切换】选项卡下【预览】选项组中的【预览】按钮，即可再次预览效果（见下图）。

6.2.3 为文本或图形添加动作

向幻灯片中的文本或图形添加动作按钮的具体操作方法如下。

1 选择"人文城市"

选择第1张幻灯片，选中要添加动作的文本，如选择"人文城市"（见下页图）。

② 单击【动作】按钮

在【插入】选项卡的【链接】选项组中单击【动作】按钮（见下图）。

③ 设置【操作设置】对话框

在弹出的【操作设置】对话框中选择【单击鼠标】选项卡，在【单击鼠标时的动作】区域中单击选中【超链接到】单选按钮，并在其下拉列表中选择【最后一张幻灯片】选项，单击【确定】按钮（见右栏图）。

④ 查看效果

此时，即可完成为文本添加动作按钮的操作。添加动作后的文本以蓝色、下划线字显示。放映幻灯片时，单击添加过动作效果的文本即可实现相应的操作（见下图）。

6.3 设置鼠标单击动作和经过动作

本节视频教学时间 / 4分钟

通过【操作设置】对话框可以设置鼠标单击动作和鼠标经过动作。

6.3.1 设置鼠标单击动作

在【操作设置】对话框中选择【单击鼠标】选项卡，在其中可以设置单击鼠标时的动作（见下页图）。

设置单击鼠标时的动作，可以单击对话框中的【无动作】【超链接到】和【运行程序】。单击选中【无动作】单选按钮，即不添加任何动作到幻灯片的文本或对象。单击选中【超链接到】单选按钮，可以从其下拉列表中选择要链接到的对象（见右栏图）。

单击选中【运行程序】单选按钮时，单击【浏览】按钮，在弹出的【选择一个要运行的程序】对话框中可以选择要链接到的对象。

单击选中【播放声音】复选框时，可以为创建的鼠标单击动作添加播放声音。

6.3.2 设置鼠标经过动作

选择【操作设置】对话框中的【鼠标悬停】选项卡，在该对话框中可设置鼠标经过时的动作。鼠标经过动作设置方法和设置鼠标单击动作方法相同（见下图）。

1 选择"环保"文本

在第1张幻灯片中，选中要添加动作的文本，如选择"环保"（见下图）。

2 单击【动作】按钮

在【插入】选项卡的【链接】选项组中单击【动作】按钮（见下图）。

3 设置【操作设置】对话框

在弹出的【操作设置】对话框中选择【单击鼠标】选项卡，在【单击鼠标时的动作】区域中单击选中【超链接到】单选按钮。在【超链接到】下拉列表中选择【其他 PowerPoint 演示文稿】选项（见下图）。

4 选择需要链接的演示文稿

在弹出的【超链接到其他 PowerPoint 演示文稿】对话框中选择需要链接的演示文稿"素材 \ch06\ 环境保护 .pptx"，单击【确定】按钮（见下图）。

5 选择首页幻灯片

在弹出的【超链接到幻灯片】对话框的【幻灯片标题】列表框中选择要链接的幻灯片，如选择首页幻灯片，单击【确定】按钮（见下图）。

6 查看效果

返回【操作设置】对话框后再次单击【确定】按钮，即可完成动作链接的设置（见下页图）。

7 选择幻灯片中的文字

选择第 2 张幻灯片中的"示范城市"文字（见下图）。

8 设置【操作设置】对话框

单击【动作】按钮，在弹出的【操作设置】对话框中选择【鼠标悬停】选项卡，单击【超链接到】单选按钮，并选择【最后一张幻灯片】选项，单击【确定】按钮（见下图）。

9 查看效果

返回到幻灯片中即可查看设置效果（见下图）。

高手私房菜

技巧 ● 在演示文稿中创建自定义动作

演示文稿中经常要用到链接功能，这一功能既可以通过使用超链接实现，也可以使用【动作按钮】功能来实现。

下面，我们建立一个"服务宗旨"按钮，以链接到第 6 张幻灯片上。

1 打开素材并选择第 1 张幻灯片

打开"素材 \ch06\ 公司简介 .pptx"，选择要创建自定义动作按钮的幻灯片，这里选择第 1 张幻灯片（见下页图）。

2 插入动作按钮

在【插入】选项卡的【插图】选项组中单击【形状】按钮，在弹出的下拉列表中选择【动作按钮】区域的【动作按钮: 空白】选项（见下图）。

3 设置【操作设置】对话框

在幻灯片的左下角按住鼠标左键并拖曳到适当位置处，弹出【操作设置】对话框。选择【单击鼠标】➤【单击鼠标时的动作】➤【超链接到】➤【幻灯片】选项（见下图）。

4 选择【服务宗旨】选项

弹出【超链接到幻灯片】对话框，在【幻灯片标题】下拉列表中选择【服务宗旨】选项，单击【确定】按钮（见下图）。

5 查看【操作设置】对话框

在【操作设置】对话框中可以看到【超链接到】文本框中显示了【服务宗旨】选项，单击【确定】按钮（见下图）。

6 输入文字

在幻灯片中创建的动作按钮中输入文字"服务宗旨"（见下页图）。

7 设置字体

选中文字"服务宗旨",在【开始】选项卡【字体】选项组中设置【字体】为【方正舒体】、【字号】为【32】,并设置为【加粗】(见下图)。

8 选择【大小和位置】选项

选中创建的自定义按钮的边框,单击鼠标右键,在弹出的快捷菜单中选择【大小和位置】选项(见下图)。

9 设置形状的位置和大小

弹出【设置形状格式】窗格,在【大小】区域中设置其尺寸的【高

度】和【宽度】分别为【1.8厘米】和【6.5厘米】,并在【位置】区域中设置其在幻灯片上的【水平位置】和【垂直位置】分别为【1.5厘米】和【16.5厘米】。单击【关闭】按钮,完成自定义动作按钮的创建(见下图)。

10 查看效果

返回幻灯片页面中即可看到设置的动作按钮。在放映幻灯片时,单击该按钮即可直接切换到第6张幻灯片(见下图)。

举一反三

　　超链接不但可以链接到同一演示文稿中的不同幻灯片，还可以链接到其他演示文稿或者是其他文件、网页等。创建动作可以使演示文稿在播放时更加生动形象。通过本章的学习，还可以创建传播方案、销售会议等演示文稿（见下图）。

第 7 章

演示文稿演示——设置和放映"员工培训"演示文稿

本章视频教学时间 / 45 分钟

🎧 重点导读

我们制作的演示文稿主要是用来给观众进行演示的，制作好演示文稿通过检查之后就可以直接进行播放使用了。掌握演示文稿播放的方法与技巧并灵活使用，可以达到意想不到的效果。本章主要介绍演示文稿的演示原则与技巧、演示文稿的演示操作等方法。

📖 学习效果图

7.1 演示原则与技巧

本节视频教学时间 / 10 分钟

在介绍演示文稿的演示之前，先介绍演示文稿演示时应遵循的原则和一些演示技巧，以便在演示演示文稿时灵活操作。

7.1.1 演示文稿的演示原则

为了让制作的演示文稿更加出彩，效果更加满意，既要关注演示文稿制作的要领，也要遵循演示文稿的演示原则。

1. 10 种使用 PowerPoint 的方法

（1）采用强有力的材料支持演示者的演示。

（2）简单化。最有效的演示文稿很简单，只需要易于理解的图表和反映演示内容的图形。

（3）最小化幻灯片数量。演示文稿的魅力在于能够以简明的方式传达观点和支持演讲者的结论，因此幻灯片的数量并不是越多越好。

（4）不要照着念演示文稿。演示文稿与扩充性和讨论性的口头评论搭配才能达到比较好的效果，而不是照着念屏幕上的内容。

（5）安排评论时间。在展示新幻灯片时，先要给观众阅读和理解幻灯片内容的机会，然后再加以评论、拓展并增补屏幕内容。

（6）要有一定的间歇。演示文稿是口头评语最有效的视觉搭配。经验丰富的演示文稿演示者会不失时机地将屏幕转为空白或黑屏，这样不仅可以带给观众视觉上的休息，还可以有效地将注意力集中到更需要口头强调的内容中，例如分组讨论或问答环节等。

（7）使用鲜明的颜色。文字、图表和背景颜色的强烈反差在传达信息和情感方面是非常有效的，恰当地运用鲜明的颜色，在传达演示意图时会起到事半功倍的效果。

（8）导入其他影像和图表。使用外部影像（如视频）和图表能增强多样性和视觉吸引力。

（9）演示前要严格编辑。在公众面前演示幻灯片前，一定要严格编辑，因为这是完善总体演示效果的好机会。

（10）在演示结尾分发讲义，而不是在演示过程中。这样有利于集中观众的注意力，从而充分发挥演示文稿的意义。

2. PowerPoint 的 10/20/30 原则

演示文稿的演示原则在这里我们总结为 PowerPoint 的 10/20/30 原则。

简单地说，PowerPoint 的 10/20/30 原则，就是一个演示文稿，应该只有 10 页幻灯片，持续时间不超过 20 分钟，字号不小于 30 磅。这一原则可适用于任何能达成协议的陈述，如募集资本、推销、建立合作关系等。

（1）演示文稿演示原则——10。

10，是 PowerPoint 演示中比较理想的幻灯片页数。一个普通人在一次会议里不可能理解 10 个以上的概念。这就要求在制作演示文稿的过程中要做到让幻灯片一目了然，包括文字内容要突出关键、化繁为简等。简练的说明在吸引观众的眼球和博取观众的赞许方面是很有帮助的。

（2）演示文稿演示原则——20。

20，是指在 20 分钟里介绍你的 10 页幻灯片。事实上很少有人能在很长时间内保持注意力集中，你必须抓紧时间。你在 20 分钟内完成你的介绍，就可以留下较多点的时间进行讨论。

（3）演示文稿演示原则——30。

30，是指演示文稿文本内容的文本字号尽可能大。

大多数演示文稿都使用不超过 20 磅字体的文本，并试图在一页幻灯片里挤进尽可能多的文本。每页幻灯片里都挤满字号很小的文本，一方面说明演示者对自己的材料不够熟悉，另一面说明文本无说服力。这样的话往往抓不住观众的眼球，给人一种没有主次的感觉，同时也无法锁住观众的注意力。

因此在制作演示文稿的时候，要考虑在同一页幻灯片里不要使用过多的文本，且用于演示的 PPT 字号不要太小。最好使用雅黑、黑体、幼圆和 Arial 等这些笔画比较均匀的字体，用起来比较放心。

7.1.2 演示文稿的演示技巧

一个好的演示文稿演示不是源于自然、有感而发，而是需要演示者的精心策划与细致准备，同时必须对演示文稿演示的技巧有所了解。

1. PowerPoint 自动黑屏

在使用 PowerPoint 进行演示时，有时候需要进行互动讨论，这时为了避免屏幕上的图片或小动画影响观众的注意力，可以按一下键盘中的【B】键，此时屏幕将会黑屏，待讨论完后再按一下【B】键即可恢复正常。

演示者也可以在播放的演示文稿中单击鼠标右键，在弹出的快捷菜单中选择【屏幕】选项，然后在其子菜单中选择【黑屏】或【白屏】选项。退出黑屏或白屏时，可以在转换为黑屏或白屏的页面上单击鼠标右键，在弹出的快捷菜单中选择【屏幕】选项，然后在其子菜单中选择【屏幕还原】选项即可（见下图）。

2. 快速定位放映中的幻灯片

在播放演示文稿时，如果要快进到或退回到第 5 张幻灯片，可以按下数字【5】键，然后再按下【Enter】键即可。

若要从任意位置返回到第 1 张幻灯片，同时按下鼠标左右键并停留 2 秒钟以上即可。

3. 在放映幻灯片时显示快捷方式

在放映幻灯片时，如果想用快捷键，但一时又忘了快捷键的操作，可以按下【F1】键（或【Shift+?】组合键），在弹出的【幻灯片放映帮助】对话框中显示快捷键的操作提示（见下页图）。

4. 让幻灯片自动播放

要让演示文稿自动播放，而非打开演示文稿再单击进行播放，方法是打开演示文稿前将该文件的扩展名从 .pptx 改为 .ppsx 后，双击打开即可。此方法避免了先打开文件才能进行播放的情况。

在将扩展名从 .pptx 改为 .ppsx 时，会弹出【重命名】对话框，提示是否确实要更改，单击【是】按钮即可。

5. 保存特殊字体

为了获得好的效果，人们通常会在幻灯片中使用一些非常漂亮的字体，可是将幻灯片复制到演示现场进行播放时，这些字体又变成了普通字体，甚至还因字体而导致格式变得不整齐，严重影响演示效果。

在 PowerPoint 中可以将这些特殊字体保存下来以供使用。

单击【文件】选项卡，在弹出的下拉菜单中选择【另存为】选项，弹出【另存为】对话框。在该对话框中单击【工具】按钮，从弹出的下拉列表中选择【保存选项】选项（见下图）。

在弹出的【PowerPoint 选项】对话框中勾选【将字体嵌入文件】复选框，然后根据需要单击选中【仅嵌入演示文稿中使用的字符（适于减小文件大小）】或【嵌入所有字符（适于其他人编辑）】单选项，最后单击【确定】按钮保存该文件即可（见下图）。

7.2 放映方式

本节视频教学时间 / 6 分钟

在 PowerPoint 2019 中，演示文稿的放映类型包括演讲者放映、观众自行浏览和在展台浏览等 3 种。

具体放映方式的设置可以通过单击【幻灯片放映】选项卡【设置】选项组中的【设置幻灯片放映】按钮，然后在弹出的【设置放映方式】对话框中进行【放映类型】【放映选项】及【放映幻灯片】等设置（见下图）。

7.2.1 演讲者放映

演示文稿放映方式中的演讲者放映方式是指由演讲者一边讲解一边放映幻灯片，

此演示方式一般用于比较正式的场合，如专题讲座、学术报告等。

将演示文稿的放映方式设置为演讲者放映的具体操作方法如下。

1 打开素材

打开"素材\ch07\员工培训.pptx"。单击【幻灯片放映】选项卡【设置】选项组中的【设置幻灯片放映】按钮（见下图）。

2 设置【演讲者放映】方式

弹出【设置放映方式】对话框，在【放映类型】区域中单击选中【演讲者放映（全屏幕）】单选项，即可将放映方式设置为演讲者放映方式（见下图）。

3 设置放映方式

在【设置放映方式】对话框的【放映选项】区域勾选【循环放映，按 ESC 键终止】复选框，在【推进幻灯片】区域中勾选【手动】单选项，设置演示过程中换片方式为手动，单击【确定】按钮完成设置（见右栏图）。

> **提示**
>
> 勾选【循环放映，按 ESC 键终止】复选框，可以设置在最后一张幻灯片放映结束后，自动返回到第 1 张幻灯片继续放映，直到按下盘上的【Esc】键结束放映。勾选【放映时不加旁白】复选框表示在放映时不播放在幻灯片中添加的声音。勾选【放映时不加动画】复选框表示在放映时原来设定的动画效果将被屏蔽。

4 PPT 的演示

按【F5】快捷键即可进行全屏幕的 PPT 演示。下图所示为演讲者放映方式下的第 2 页幻灯片的演示状态（见下图）。

> **提示**
>
> 在【推进幻灯片】区域中单击选中【如果出现计时，则使用它】单选项，在放映时便能自动换页；如果单击选中【手动】单选项，则在放映时，必须单击鼠标才能切换幻灯片。

7.2.2 观众自行浏览

观众自行浏览方式是由观众自己动手使用计算机观看演示文稿。如果希望让观众自己浏览演示文稿，可以将演示文稿的放映方式设置成观众自行浏览。

下面介绍观众自行浏览"员工培训"演示文稿的具体操作步骤。

1 设置放映方式

单击【幻灯片放映】选项卡【设置】选项组中的【设置幻灯片放映】按钮，弹出【设置放映方式】对话框。在【放映类型】区域中单击选中【观众自行浏览（窗口）】单选项；在【放映幻灯片】区域中单击选中【从……到……】单选项，并在第 2 个文本框中输入"4"，设置从第 1 页到第 4 页的幻灯片放映方式为观众自行浏览。单击【确定】按钮完成设置（见下图）。

2 结束放映状态

按【F5】快捷键进行演示文稿的演示。可以看到设置后的前 4 页幻灯片以窗口的形式出现，并且在最下方显示状态栏。按【Esc】键可结束放映状态（见下图）。

> **提示**
>
> 单击状态栏中的【下一张】按钮和【上一张】按钮也可以切换幻灯片；单击状态栏右方的其他视图按钮，可以将演示文稿由演示状态切换到其他视图状态。

7.2.3 在展台浏览

在展台浏览放映方式可以让演示文稿自动放映，而不需要演讲者操作。有些场合需要让演示文稿自动放映，例如放在展览会的产品展示等。

打开演示文稿后，单击【幻灯片放映】选项卡【设置】选项组中的【设置幻灯片放映】按钮，在弹出的【设置放映方式】对话框的【放映类型】区域中单击选中【在展台浏览（全屏幕）】单选项，即可将放映方式设置为在展台浏览（见下页图）。

提示

可以将展台演示文稿设置为当参观者查看完整个演示文稿后或者演示文稿保持闲置状态达到一段时间后，自动返回至演示文稿首页，这样，就不必时刻守着展台了。

7.3 通过"缩放定位"找到要查找的内容

本节视频教学时间 / 10 分钟

使用 PowerPoint 2019 中的"缩放定位"功能，可以在演示幻灯片时起到一个导航页的功能，快速播放想要查看的幻灯片页面，并能对页面中的某个对象进行放大演示。"缩放定位"功能包含有三个下拉选项：【摘要缩放定位】【节缩放定位】以及【幻灯片缩放定位】。下面就来看一下各个选项的用法。

7.3.1 摘要缩放定位

使用"摘要缩放定位"功能，选择几张关键的幻灯片创建一个摘要页，在放映幻灯片时可以随意反复跳转到想要查看的幻灯片，而不会中断演示文稿的放映。

1 打开素材并选择【摘要缩放定位】选项

打开"素材 \ch07\ 员工培训 .pptx"。选择【插入】选项卡下【链接】选项组中的【缩放定位】按钮，在弹出的下拉列表中选择【摘要缩放定位】选项（见下图）。

2 选择幻灯片并插入

弹出【插入摘要缩放定位】对话框，分别勾选第 1、3、7、9 张幻灯片前的复选框，单击【插入】按钮（见下图）。

121

3 自动分节

此时，即可自动插入一张"摘要部分"幻灯片，并将其他幻灯片分节显示（见下图）。

💬 提示

关于设置"幻灯片的分节显示"操作将在 8.1 节详细介绍。

4 查看演示效果

按【F5】快捷键进行演示文稿的演示，单击"摘要部分"页中的幻灯片缩略图，如这里单击"现况简介"幻灯片缩略图，即可开始演示"现况简介"节中的幻灯片，当"现况简介"节中的幻灯片演示完毕后，单击鼠标，即可又重新返回"摘要部分"页，从而可以选择其他节中的幻灯片进行演示（见下图）。

7.3.2 节缩放定位

"节缩放定位"功能与"摘要缩放定位"功能类似，但在使用"节缩放定位"功能之前，需要先将幻灯片分节显示。因上一节使用的"摘要缩放定位"功能自动将幻灯片分节显示，这里就接着上一节的内容继续操作。

1 选择【节缩放定位】选项

选择要插入"节缩放定位"的幻灯片，如这里选择第 3 张幻灯片。选择【插入】选项卡下【链接】选项组中的【缩放定位】按钮，在弹出的下拉列表中选择【节缩放定位】选项（见下图）。

2 选择幻灯片并插入

弹出【插入节缩放定位】对话框，勾选"第 5 节：案例研究"复选框，单

击【插入】按钮（见下图）。

3 调整缩略图

此时，即可在第 3 张幻灯片中插入"第 5 节：案例研究"首页的缩略图，选择插入的缩略图，并将其移动到合适的位置（见下页图）。

片，然后单击插入的幻灯片缩略图，即可进行该节幻灯片的演示。当演示到该节的最后一张幻灯片时，再次单击，即可返回第3张幻灯片（见下图）。

4 查看演示效果

按【Shift+F5】组合键放映当前幻灯

7.3.3 幻灯片缩放定位

使用"幻灯片缩放定位"功能可以使得幻灯片的演示更具动态，可以任意选择幻灯片进行播放演示，而不需要中断演示流程。

1 选择【幻灯片缩放定位】选项

接着上一节的内容继续操作，选择第4张幻灯片，单击【插入】选项卡下【链接】选项组中的【缩放定位】按钮，在弹出的下拉列表中选择【幻灯片缩放定位】选项（见下图）。

2 选择幻灯片并插入

弹出【插入幻灯片缩放定位】对话框，选择第6、8张幻灯片，单击【插入】按钮（见下图）。

3 调整缩略图

此时，即可将选择的幻灯片缩略图插入到第4张幻灯片中，调整缩略图的大小和位置，效果如下图所示。

> **提示**
>
> 在设置幻灯片缩放定位时，也可以先选择第4张幻灯片，然后在【幻灯片缩略图】窗格中按住鼠标左键，将第6张幻灯片拖拽至第4张幻灯片的【幻灯片】显示窗格中。

4 勾选【返回到缩放】选择框

选择"新工作"缩略图，选择【缩放工具】➤【格式】选项卡，勾选【缩放定位选项】选项组中的【返回到缩放】复选框（见下页图）。

5 选择缩略图并单击【更改图像】按钮

选择"新工作"缩略图，选择【缩放工具】➤【格式】选项卡，单击【缩放定位选项】选项组中的【更改图像】按钮（见下图）。

6 选择【来自文件】选项

弹出【插入图片】选项，选择【来自文件】选项（见下图）。

7 插入图片

弹出【插入图片】对话框，选择要插入的图片，单击【插入】按钮（见下图）。

8 设置另一张幻灯片缩略图

此时，即可用该图片替换"新工作"

缩略图。使用同样的方法更改"逐渐精通"幻灯片缩略图图像，在【插入图片】选项中选择【自图标】选项，弹出【插入图标】对话框，选择合适的图标，单击【插入】按钮（见下图）。

9 查看效果

返回幻灯片页面中，即可看到更改图像后的效果（见下图）。

10 查看演示效果

按【Shift+F5】组合键放映当前幻灯片，然后单击"新工作"幻灯片缩略图，即可进行该幻灯片的演示。再次单击，即可返回第4张幻灯片（见下图）。

7.3.4 通过更多缩放定位选项使缩放更酷炫

在添加了幻灯片缩放定位后，在功能区会出现【缩放工具】➤【格式】选项卡，使用【格式】选项卡下不同的功能按钮，可以制作出更多酷炫的效果。

1. 使缩放背景透明

1 新建空白幻灯片

单击【开始】选项卡下【幻灯片】选项组中的【新建幻灯片】按钮的下拉按钮，在弹出的下拉列表中选择【空白】选项，新建一张空白幻灯片（见下图）。

2 选择【幻灯片缩放定位】选项

选择第8张幻灯片，单击【插入】选项卡下【链接】选项组中的【缩放定位】按钮，在弹出的下拉列表中选择【幻灯片缩放定位】选项（见下图）。

3 插入幻灯片

弹出【插入幻灯片缩放定位】对话框，选择刚才新建的空白幻灯片，单击【插入】按钮（见右栏图）。

4 调整缩略图的位置和大小

此时，即可将空白幻灯片的缩略图插入到第8张幻灯片中，调整其位置和大小，效果如下图所示。

5 选择【缩放定位背景】选项

选择【缩放工具】➤【格式】选项卡下【缩放定位样式】选项组中的【缩放定位背景】选项（见下图）。

6 复制粘贴缩略图并调整其位置

此时，即可看到插入的空白幻灯片的缩略图背景变成了透明，然后复制粘贴该图形，并将其移动到合适的位置，效果如下页图所示。

7 查看演示效果

按【Shift+F5】组合键放映当前幻灯片，在插入空白幻灯片缩略图的位置处单击，即可放大该范围内的图像（见下图）。

2. 更改缩放的切换效果选项

默认情况下，演示时"缩放"将使

用缩放切换效果，有助于使缩放更加流畅。但是，如果不想使用缩放切换效果，或者想要更改切换效果的持续时间，可以在【缩放工具】➤【格式】选项卡下【缩放定位选项】选项组进行选择。如果想要在演示时使用缩放切换效果，可以勾选【缩放定位切换】复选框，并设置缩放的【持续时间】（见下图）。

如果不想在演示时使用缩放切换效果，取消勾选【缩放定位切换】复选框即可（见下图）。

7.4 使用墨迹绘图或书写

本节视频教学时间 / 4 分钟

墨迹书写是 PowerPoint 2019 新增的一项功能，可以使用系统提供的各种笔，如铅笔、笔、荧光笔等进行书写或绘图。

7.4.1 突出重点文本

使用墨迹书写可以突出显示重点文本，其具体操作步骤如下。

1 添加【绘图】选项卡

默认情况下，功能区是不显示【绘图】选项卡的。选择【文件】➤【选项】选项，调用【PowerPoint 选项】对话框，选择【自定义功能区】选项，在【主选项卡】列表中勾选【绘图】复选框，单击【确定】按钮（见右栏图）。

2 单击【绘图】按钮

此时，即可将【绘图】选项卡添加至功能区中，单击【绘图】选项卡【工具】选项组中的【绘图】按钮，系统会自动选择【笔】选项组中的【笔：黑色，0.5毫米】选项（见下图）。

3 突出重点文本

将鼠标指针定位在幻灯片中，可以看到指针变为黑色的圆点，然后在需要重点显示的文本处拖曳进行标记，效果如下图所示。

4 设置笔粗细及颜色

在【笔】选项组中，单击已选中的【笔：黑色，0.5毫米】选项，在弹出的下拉列表中可以设置笔的【粗细】【颜色】以及【效果】等。这里设置【粗细】为【2mm】，【颜色】为【红色】（见右栏图）。

5 突出显示重点文本

此时，即可使用新设置的笔进行标记，效果如下图所示。

> **📣 提示**
>
> 单击【绘图】选项卡【笔】选项组中的【添加笔】按钮，在弹出的下拉列表中有【铅笔】【笔】【荧光笔】，用户可根据需要选择不同的笔进行绘图。
>
>

7.4.2 擦除墨迹

对重点文本进行标记之后，如果对绘制的标记符号不满意，还可以将其擦除，具体操作步骤如下。

1 选择【线段橡皮擦】选项

单击【绘图】选项卡【工具】选项组中的【橡皮擦】下拉按钮，在弹出的下拉列中选择【线段橡皮擦】选项（见下图）。

2 擦除墨迹

将鼠标指针定位在幻灯片中，当指针变成✎形状时，在要擦除的标记上单

击，即可将其擦除，效果如下图所示。

> **📢 提示**
> 单击【绘图】选项卡【工具】选项组中的【套索选择】按钮，然后在幻灯片中拖拽鼠标套住要删除的标记，然后按【Delete】键，也可快速擦除墨迹。

7.4.3 隐藏墨迹

在幻灯片中对重点文本进行标记之后，可能会影响幻灯片页面的美感，如果不想删除这些标记，可以选择将其隐藏起来，具体操作步骤如下。

1 单击【隐藏墨迹】按钮

单击【审阅】选项卡下【墨迹】选项组中的【隐藏墨迹】按钮（见下图）。

2 查看效果

此时，即可将添加的标记隐藏，效果如右栏图所示。

> **📢 提示**
> 再次单击【隐藏墨迹】按钮，即可将添加的标记重新显示出来。

7.5 放映演示文稿

本节视频教学时间 / 5 分钟

默认情况下，演示文稿的放映方式为从头开始放映。读者可以根据实际需要，设置演示文稿的放映方式，如从当前幻灯片开始放映。

7.5.1 从头开始放映

放映演示文稿一般是从头开始放映的，从头开始放映的具体操作步骤如下。

1 打开素材并单击【从头开始】按钮

打开"素材\ch07\员工培训.pptx"，单击【幻灯片放映】选项卡【开始放映幻灯片】选项组中的【从头开始】按钮（见下图）。

2 切换幻灯片

系统从头开始播放幻灯片，单击鼠标，或按【Enter】键或空格键即可切换

到下一张幻灯片（见下图）。

> **提示**
>
> 按键盘上的上、下、左、右方向键也可以向上或向下切换幻灯片。

7.5.2 从当前幻灯片开始放映

在放映"员工培训"演示文稿时可以从选定的当前幻灯片开始放映，具体操作步骤如下。

1 选中幻灯片并单击【从当前幻灯片开始】按钮

选中第3张幻灯片，单击【幻灯片放映】选项卡【开始放映幻灯片】选项组中的【从当前幻灯片开始】按钮（见下图）。

演示文稿，按【Enter】键或空格键即可切换到下一张幻灯片（见下图）。

2 切换幻灯片

系统即可从当前演示文稿开始播放

7.5.3 自定义多种放映方式

利用 PowerPoint 的【自定义幻灯片放映】功能，可以为幻灯片设置多种自定义放映方式。设置"员工培训"演示文稿自动放映的具体操作步骤如下。

1 选择【自定义放映】选项

单击【幻灯片放映】选项卡【开始放映幻灯片】选项组中的【自定义幻灯片放映】按钮，在弹出的下拉菜单中选择【自定义放映】选项（见下页图）。

2 单击【新建】按钮

弹出【自定义放映】对话框，单击【新建】按钮（见下图）。

3 添加自定义放映中的幻灯片

弹出【定义自定义放映】对话框，在【在演示文稿中的幻灯片】列表框中选择需要放映的幻灯片，然后单击【添加】按钮，即可将选中的幻灯片添加到【在自定义放映中的幻灯片】列表框中。单击【确定】按钮（见右栏图）。

4 单击【放映】按钮

返回到【自定义放映】对话框，单击【放映】按钮（见下图）。

5 查看效果

此时，即可查看自定义放映效果（见下图）。

7.5.4 放映时隐藏指定幻灯片

在演示文稿中可以将一张或多张幻灯片隐藏，这样在全屏放映演示文稿时就可以不显示此幻灯片。

1 选中幻灯片并单击【隐藏幻灯片】按钮

选中第7张幻灯片，单击【幻灯片放映】选项卡【设置】选项组中的【隐藏幻灯片】按钮（见右栏图）。

2 隐藏幻灯片

此时，即可在【幻灯片缩略图】窗格中看到第7张幻灯片编号显示为隐藏状态，这样在放映幻灯片的时候，第7张幻灯片就会被隐藏起来（见右栏图）。

7.6 添加演示者备注

本节视频教学时间 / 3分钟

使用演示者备注可以详尽阐述幻灯片中的要点，好的备注既可帮助演示者引领观众的思绪，又可以防止幻灯片上的文本泛滥。

7.6.1 添加备注

创作幻灯片的内容时，可以在【幻灯片】窗格下方的【备注】窗格中添加备注，以便详尽阐述幻灯片的内容。演示者可以将这些备注打印出来，以供在演示过程中参考。

下面介绍在"员工培训"演示文稿中添加备注的具体操作步骤。

1 添加备注

选中第2张幻灯片，单击状态栏中的【备注】按钮，则会弹出【备注】窗格，在【备注】窗格中的"单击此处添加备注"处单击，输入下图所示的备注内容。

2 增大备注空间

将鼠标指针指向【备注】窗格的上边框，当指针变为形状后，按住鼠标左键并向上拖动边框以增大备注空间（见下图）。

7.6.2 使用演示者视图

为幻灯片添加备注后，为观众放映时，演示者可以使用演示者视图在另一台监视器上查看备注内容。

在使用演示者视图放映时，演示者可以通过预览文本浏览到下一次单击时显示在屏幕上的内容，并可以将演示者备注内容以清晰的大字显示，以便演示者查看。

> **提示**
>
> 使用演示者视图，必须保证进行演示的计算机上能够支持两台以上的监视器，且 PowerPoint 对于演示文稿最多支持使用两台监视器。

勾选【幻灯片放映】选项卡【监视器】选项组中的【使用演示者视图】复选框，即可使用演示者视图放映幻灯片（见下图）。

7.7 让演示文稿自动记录演示时间

本节视频教学时间 / 4 分钟

在公众场合进行演示文稿演示之前需要掌握好演示文稿演示的时间，以便达到展示或演讲预期的效果。

7.7.1 排练计时

作为演示文稿的制作者，在公共场合演示时需要掌握好演示的时间，为此需要测试幻灯片放映时的停留时间。对"员工培训"演示文稿排练计时的操作步骤如下。

1 打开素材并单击【排练计时】按钮

打开素材后，单击【幻灯片放映】选项卡【设置】选项组中的【排练计时】按钮（见下图）。

2 设置排练时间

系统会自动切换到放映模式，并弹出【录制】对话框，在【录制】对话框

上会自动计算出当前幻灯片的排练时间，时间的单位为秒（见下图）。

> **提示**
>
> 如果对演示文稿的每一张幻灯片都需要【排练计时】，则可以定位于演示文稿的第 1 张幻灯片中。

3 查看排练时间

在【录制】对话框中可看到排练时间，如下图所示。

4 完成排练计时

排练完成后，系统会显示一个警告的消息框，显示当前幻灯片放映的总共时间，单击【是】按钮，完成幻灯片的排练计时（见右栏图）。

> **提示**
>
> 通常在放映过程中，需要临时查看或跳到某一张幻灯片时，可通过【录制】对话框中的按钮来实现。
> （1）【下一项】：切换到下一张幻灯片。
> （2）【暂停】：暂时停止计时后再次单击会恢复计时。
> （3）【重复】：重复排练当前幻灯片。

7.7.2 录制幻灯片演示

录制幻灯片演示是 PowerPoint 2019新增的一项功能，该功能可以记录幻灯片的放映时间，同时，允许用户使用鼠标或激光笔为幻灯片添加注释。制作者对 PowerPoint 2019 一切相关的注释都可以使用录制幻灯片演示功能记录下来，从而大大地提高幻灯片的互动性。

1 选择【从头开始录制】选项

单击【幻灯片放映】选项卡【设置】选项组中的【录制幻灯片演示】的下拉按钮，在弹出的下拉列表中选择【从头开始录制】或【从当前幻灯片开始录制】选项。本例中选择【从头开始录制】选项（见下图）。

2 单击【录制】按钮

在进入的界面中，单击左上角的【录制】按钮（见右栏图）。

3 开始录制

此时，即可开始录制幻灯片演示（见下图）。

4 查看效果

录制完成后，单击鼠标退出即可。

返回到演示文稿窗口且自动切换到幻灯片浏览视图。在该窗口中显示了每张幻灯片的演示计时时间（见下图）。

技巧 1 ● 取消以黑幻灯片结束

　　经常制作并放映演示文稿的读者都知道，每次演示文稿放映完后，屏幕总会显示为黑屏。如果此时接着放映下一个演示文稿的话，就会影响观赏效果。接下来介绍取消以黑幻灯片结束演示文稿放映的方法。

　　单击【文件】选项卡，从弹出的菜单中选择【选项】选项，弹出【PowerPoint 选项】对话框。选择左侧的【高级】选项卡，在右侧的【幻灯片放映】区域中撤消选中【以黑幻灯片结束】复选框。单击【确定】按钮即可取消以黑幻灯片结束的操作（见下图）。

技巧 2 ● 演示文稿的完整结构

　　一份完整的演示文稿主要包括首页、引言、目录、章节过渡页、正文、结束页等。

1. 首页

　　首页是演示文稿的第一个页面，用于显示该演示文稿的名称、作用、目的、作者以及日期等信息。下图所示的首页显示演示文稿的名称以及作用（见下图）。

2. 引言页面

　　引言页面可用于介绍企业LOGO、宣传语以及其他非正文内容的文本，让听众对演示文稿有大致的了解。下图所示的引言页面就显示了企业的 LOGO 以及宣传语（见下图）。

3. 目录页面

　　目录页面主要列举演示文稿的主要内容，可以在其中添加超链接，便于从目录页面进入任何其他页面（见右栏图）。

4. 章节过渡页

　　章节过渡页面起到承上启下的作用，内容要简洁，突出主题。也可以将章节过渡页作为留白，让听众适当地放松，聚集视野（见下图）。

5. 正文

　　正文页面主要显示每一章节的主要部分，可以使用图表、图形、动画等吸引听众注意力，切忌不可使用大量文字，防止听众视觉疲劳（见下图）。

6. 结束页

结束页作为演示文稿的结尾，可以向听众表达谢意，感谢听众（见下图）。

在 PowerPoint 2019 中放映演示文稿时，可以根据需要选择放映的方式、添加演讲者备注或者让演示文稿自动演示。通过本章的学习，我们还可以简单设置放映促销方案、美食品鉴等演示文稿（见下图）。

第 8 章

演示文稿的打印与发布——
打印"诗词鉴赏"演示文稿

本章视频教学时间 / 19 分钟

🎧 重点导读

通过 PowerPoint 2019 的幻灯片分节显示功能可以更好地管理幻灯片。演示文稿除了可在屏幕上作电子展示外，还可以将它们打印出来长期保存，也可以通过发布演示文稿，轻松共享和打印这些文件。

📖 学习效果图

8.1 将演示文稿分节显示

本节视频教学时间 / 5分钟

在 PowerPoint 2019 左侧的【幻灯片缩略图】窗格中有分节功能。用户可以通过建立多个节，来方便管理幻灯片，理顺自己的思路。用户还可以为各个幻灯片章节重新排序或归类。

◢ 选择幻灯片并选择【新增节】选项

打开"素材\ch08\诗词鉴赏.pptx"，并选择第3张幻灯片。单击【开始】选项卡【幻灯片】选项组中的【节】按钮，在弹出的下拉列表中选择【新增节】选项（见下图）。

◣ 新增节内容

弹出【重命名节】对话框，同时在【幻灯片缩略图】窗格中，可以看到第3张幻灯片上方显示"无标题节"，第3张幻灯片及以下的所有幻灯片成为新增节中的内容，而第3张幻灯片以上的所有幻灯片显示为默认节（见下图）。

◤ 设置【重命名节】对话框

在【重命名节】对话框的【节名称】文本框中输入"作品分析"，单击【重命名】按钮（见下图）。

◥ 查看效果

此时，即可将"无标题节"名称重命名为"作品分析"，效果如下图所示。

◢ 设置其他节

选择第5张幻灯片，然后重复步骤1的操作，即可将第5张和第6张幻灯片设置为新增节，并将其重命名为"诗词鉴赏"（见下图）。

6 单击【默认节】

在【幻灯片缩略图】窗格中单击【默认节】，即可选择默认节下的第1、2张幻灯片（见下图）。

7 重新命名

单击【开始】选项卡【幻灯片】选项组中的【节】按钮，在弹出的下拉列表中选择【重命名节】选项（见下图）。

8 查看效果

然后在弹出的【重命名节】对话框中重新命名即可，如将默认节重命名为"诗词简介"，效果如下图所示。

9 折叠展开幻灯片

选择任一幻灯片，单击【开始】选项卡【幻灯片】选项组中的【节】按钮，在弹出的下拉列表中选择【全部折叠】选项，即可将【幻灯片缩略图】窗格中的所有节的幻灯片折叠，而只显示为节标题。单击节标题前的【展开节】按钮，即可展开该节标题所包含的幻灯片（见下页图）。

灯片】选项组中的【节】按钮，在弹出的下拉列表中选择【删除节】选项，即可删除该节（见下图）。

> **提示**
> 将所有节标题折叠后，单击【开始】选项卡【幻灯片】选项组中的【节】按钮，在弹出的下拉列表中选择【全部展开】选项，即可展开所有节下的幻灯片。

> **提示**
> 如果要删除演示文稿中的所有节，可以选择含有节标题中的任一幻灯片，然后单击【开始】选项卡【幻灯片】选项组中的【节】按钮，在弹出的下拉列表中选择【删除所有节】选项，即可删除所有节（见下图）。

10 删除某节

选择【幻灯片缩略图】窗格中除第1个默认节外的节标题，这里选择"诗词鉴赏"节，然后单击【开始】选项卡【幻

8.2 打印演示文稿

本节视频教学时间 / 3 分钟

演示文稿除了可在屏幕上作电子展示外，还可以将它们打印出来长期保存。PowerPoint 2019 的打印功能非常强大，不仅可以将演示文稿打印到纸上，还可以打印到投影胶片上，通过投影仪来放映。

1 打开文件并选择【打印】选项

在打开的"诗词鉴赏"演示文稿中，单击【文件】选项卡，在弹出的下拉菜单中选择【打印】选项，弹出打印设置界面（见下页图）。

2 设置打印属性

单击【打印机属性】链接，在弹出的对话框中可以设置打印机的属性。不同的打印机，弹出的对话框界面不同。在这里设置【方向】为【横向】、【每张纸打印的页数】为【1】，单击【确定】按钮（见下图）。

3 设置需要打印的页面

单击【设置】区域中的【打印全部幻灯片】右侧的下拉按钮，在弹出的下拉菜单中可以设置具体需要打印的页面。例如，本实例选择【打印当前幻灯片】选项（见右栏图）。

4 设置打印参数

单击【整页幻灯片】右侧的下拉按钮，在弹出的下拉菜单中可以设置打印的版式、边框和大小等参数（见下图）。

5 设置打印顺序和颜色

单击【对照】右侧的下拉按钮，在弹出的面板中读者可以设置打印顺序；单击【颜色】右侧的下拉按钮，可以设置幻灯片打印时的颜色（见下图）。

6 设置打印份数并打印

在【份数】微调框中输入要打印的份数，然后单击【打印】按钮即可根据设置打印（见右栏图）。

8.3 发布为其他格式

本节视频教学时间 / 5 分钟

利用 PowerPoint 2019 的保存并发送功能可以将演示文稿创建为 PDF 文档、Word 文档或视频，还可以将演示文稿打包为 CD。

8.3.1 创建为 PDF 文档

对于希望保存的演示文稿，不想让他人修改，但希望轻松共享和打印这些文件，此时可以使用 PowerPoint 2019 将文件转换为 PDF 或 XPS 格式，而无须其他软件或加载项。

1 打开文件并单击【创建 PDF/XPS】按钮

在打开的"诗词鉴赏"演示文稿中，单击【文件】选项卡，在弹出的下拉菜单中选择【导出】选项，在【导出】区域选择【创建 PDF/XPS 文档】选项，并单击右侧的【创建 PDF/XPS】按钮（见下图）。

2 选择保存路径和输入文件名

弹出【发布为 PDF 或 XPS】对话框，在【保存位置】文本框和【文件名】文本框中分别选择保存的路径和输入文件名称。然后单击【选项】按钮（见下图）。

📢 提示

在【优化】选项列表中，用户可以根据需要选择创建标准 pdf 文档或者创建最小文件大小。

3 设置【选项】参数

在弹出的【选项】对话框中设置保存的范围、发布选项和 PDF 选项等参数（见下图）。

4 发布文件

单击【确定】按钮，返回【发布为 PDF 或者 XPS】对话框，单击【发布】按钮，系统开始自动发布幻灯片文件。发布完成后，打开保存的 PDF 文件，效果如下图所示。

8.3.2 保存为 Word 格式文件

将演示文稿创建为 Word 文件就是将演示文稿创建为可以在 Word 中编辑和设置格式的讲义。下面将"诗词鉴赏"演示文稿保存为 Word 格式文件。

1 打开文件并单击【创建讲义】按钮

在打开的"诗词鉴赏"演示文稿中，单击【文件】选项卡，在弹出的下拉菜单中选择【导出】选项，在【导出】区域选择【创建讲义】选项，然后在右侧列表中单击【创建讲义】按钮（见下图）。

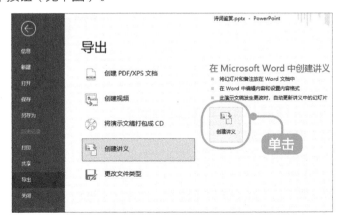

2 选中【只使用大纲】单选按钮

弹出【发送到 Microsoft Word】对话框，在【Microsoft Word 使用的版式】区域中选中【只使用大纲】单选按钮，单击【确定】按钮（见下图）。

💡提示

要转换的演示文稿必须是用 PowerPoint 内置的幻灯片版式制作的。如果是通过插入文本框等方法输入的字符，是不能实现转换的。

3 自动启动 Word

系统自动启动 Word，并将演示文稿中的字符转换到 Word 文件中（见下图）。

4 创建 Word 文件

在 Word 文件中编辑并保存此讲义，即可完成 Word 文件的创建（见下图）。

8.3.3 保存为 4K 高清视频格式文件

将演示文稿保存为视频，操作方法也很简单。

1 选择【超高清（4K）】选项

单击【文件】选项卡，在弹出的下拉菜单中选择【导出】选项，在【导出】界面中选择【创建视频】选项，在右侧的【创建视频】选项区域中单击【全高清（1080P）】下拉按钮，在弹出的下拉列表中选择【超高清（4K）】选项（见下页图）。

2 设置时间并单击【创建视频】按钮

然后在【放映每张幻灯片的秒数】微调框中，设置放映每张幻灯片的时间，单击【创建视频】按钮（见下图）。

3 保存文件

弹出【另存为】对话框，在【保存位置】和【文件名】文本框中分别设置保存路径和文件名。设置完成后，单击【保存】按钮（见右栏图）。

4 自动开始制作视频

系统自动开始制作视频。此时，状态栏中显示视频的制作进度（见下图）。

5 查看视频文件

根据文件保存的路径找到制作好的视频文件，可播放该视频文件（见下图）。

8.4 在没有安装 PowerPoint 的电脑上放映演示文稿

本节视频教学时间 / 3 分钟

如果所使用的计算机上没有安装 PowerPoint 软件，也可以打开演示文稿。通过使用 PowerPoint 2019 提供的【打包成 CD】功能，可以实现在任意计算机上播放演示文稿。

1 单击【打包成 CD】按钮

单击【文件】选项卡，在弹出的下拉菜单中选择【导出】选项，在【导出】界面中选择【将演示文稿打包成 CD】选项，然后单击【打包成 CD】按钮（见下图）。

2 单击【选项】按钮

弹出【打包成 CD】对话框，单击【选项】按钮（见下图）。

> 📢 提示
> 单击【添加】按钮，在弹出的【添加文件】对话框中选择要添加的文件。

3 设置【选项】参数

在弹出的【选项】对话框中，可以设置要打包文件的安全性等选项，设置密码后单击【确定】按钮，在弹出的【确认密码】对话框中输入两次确认密码，

这里设置密码为"123456"（见下图）。

4 设置文件夹名称和保存位置

单击【确定】按钮，返回到【打包成 CD】对话框。单击【复制到文件夹】按钮，在弹出的【复制到文件夹】对话框的【文件夹名称】和【位置】文本框中，分别设置文件夹名称和保存位置，单击【确定】按钮（见下图）。

5 自动复制文件到文件夹

弹出【Microsoft PowerPoint】提示对话框，这里单击【是】按钮，系统开始自动复制文件到文件夹（见下图）。

6 **完成打包**

　　复制完成后，系统自动打开生成的 CD 文件夹。如果所使用的计算机上没有安装 PowerPoint 软件，操作系统将自动运行"AUTORUN.INF"文件，并播放演示文稿。在【打包成 CD】对话框中，单击【关闭】按钮，完成打包操作（见下图）。

高手私房菜

技巧 1 ● 打印演示文稿时节约纸张和墨水

　　将演示文稿打印出来可以方便校对其中的文字，但如果一张纸只打印一张幻灯片就太浪费了，可以通过设置一张纸打印多张幻灯片来解决此问题。

1 **打开文件并进入【打印】界面**

　　打开需要打印的包含多张幻灯片的演示文稿，选择【文件】➤【打印】选项，进入【打印】界面（见右栏图）。

2 设置打印选项

在【设置】选项区域中，单击【整页幻灯片】▶【讲义】▶【6张水平放置的幻灯片】选项，即可在一张纸上打印6张水平放置的幻灯片（见下图）。

3 设置打印颜色

在【设置】选项区域中，单击【颜色】右侧的下拉按钮，在弹出的下拉菜单中选择【灰度】选项，可以节省打印墨水（见右栏图）。

4 打印文稿时节约纸张和墨水

通过以上打印设置，即可在打印演示文稿时节约纸张和墨水（见下图）。

技巧2 ● 共享 PowerPoint 文件

在 PowerPoint 2019 中，用户可以与他人共享演示文稿，具体操作步骤如下。

1 打印文件并选择【与人共享】选项

打开要共享的演示文稿，单击【文件】▶【共享】选项，进入【共享】界面，然后选择【与人共享】选项，并单击【保存到云】按钮（见右栏图）。

> **提示**
>
> 在共享文件之前，需要登录 Microsoft 账户，若没有该账户，可先到官网进行注册。

2 选择【OneDrive-个人】选项

进入【另存为】界面，选择【OneDrive-个人】➤【OneDrive-个人】选项（见下图）。

3 输入文件名称并保存

在弹出的【另存为】对话框中，输入文件名称，单击【保存】按钮（见下图）。

4 单击【共享】按钮

此时，即可将演示文稿保存到云并返回至 PowerPoint 工作界面，单击界面右上角的【共享】按钮（见下图）。

5 进行共享

弹出【共享】任务窗格，在【邀请人员】文本框中输入与之共享人的电子邮箱地址，然后单击【共享】按钮（见下图）。

6 完成共享

此时，则会显示【正在发送电子邮件并与您邀请的人员共享…】界面，发送成功后，该界面会自动关闭，表示已完成共享（见下图）。

 举一反三

PowerPoint 2019 支持将演示文稿打印到纸上，这样在没有投影仪的情况下也可以向观众展示或发布演示文稿。通过本章的学习，我们还可以打印一些宣传类（如中国茶文化、公司宣传等类型）的演示文稿（见下图）。

第 9 章

秀出自己的风采——
模板与母版

本章视频教学时间 / 27 分钟

 重点导读

简单来说，模板就是一个框架，我们可以方便地填入内容。在演示文稿中，
如果要修改所有幻灯片标题的样式，只需要在幻灯片的母版中修改即可。

📖 **学习效果图**

9.1 使用模板

本节视频教学时间 / 3分钟

PowerPoint 模板是另存为 .potx 文件的一张幻灯片或一组幻灯片的蓝图。模板可以包含版式、主题颜色、主题字体、主题效果和背景样式，还可能包含内容。

我们可以使用多种不同类型的 PowerPoint 内置免费模板，也可以在 Office 官网和其他合作伙伴网站上获取更多的免费模板。此外，我们还可以创建自己的自定义模板，存储、使用并与他人共享。

9.1.1 使用内置模板

创建新的空白演示文稿或使用最近打开的模板、样本模板或主题等，单击【文件】选项卡，从弹出的菜单中选择【新建】选项，然后从【可用的模板和主题】区域中选择需要使用的内置模板。

下面具体介绍使用内置模板的操作方法。

1 打开文件并进入【新建】界面

在打开的"演示文稿1"中选择【文件】➤【新建】选项，进入【新建】界面（见下图）。

2 选择模板

在【特别推荐】选项区域中单击【离子】选项（见下图）。

3 单击【创建】按钮

在打开的【离子】界面中单击【创建】按钮（见下图）。

4 创建空白演示文稿

系统即自动创建一个名称为"演示文稿2"的空白演示文稿（见下图）。

9.1.2 使用网络模板

除了 9.1.1 小节中介绍的免费内置模板外，还可以使用 Office 官网提供的免费网络模板。使用网络模板的操作如下。

1 搜索模板

在打开的演示文稿中选择【文件】▶【新建】选项。在【新建】界面【搜索联机模板和主题】搜索框中输入要搜索的模板主题，这里输入"学术"，单击【搜索】按钮（见下图）。

2 单击需要的模板

从搜索到的结果中单击需要的模板，这里选择【学术演示文稿、细条纹和丝带设计】模板（见下图）。

3 单击【创建】按钮

在弹出的界面中，单击【创建】按钮（见下图）。

4 创建新文档

此时，即可自动下载该模板，并创建新文档，结果如下图所示。

9.2 设计版式

本节视频教学时间 / 11 分钟

本节将介绍幻灯片版式以及向演示文稿中添加幻灯片编号、备注页编号、日期和时间及水印等内容的方法。

9.2.1 什么是版式

幻灯片版式包含要在幻灯片上显示的全部内容的格式设置、位置和占位符。PowerPoint 中包含标题幻灯片、标题和内容、节标题等 11 种内置幻灯片版式（见下图）。

以上每种版式均显示了将在其中添加文本或图形的各种占位符的位置。

在 PowerPoint 中使用幻灯片版式的具体操作步骤如下。

1 创建空白幻灯片

启动 PowerPoint 2019，并创建空白幻灯片（见下图）。

2 选择幻灯片版式

在【开始】选项卡的【幻灯片】选项组单击【新建幻灯片】下拉按钮。在弹出的【Office 主题】下拉菜单中选择一个要新建的幻灯片版式，如此处选择【标题和内容】幻灯片（见右栏图）。

3 创建【标题和内容】幻灯片

此时，即可在演示文稿中创建一个含有标题和内容占位符的幻灯片（见下图）。

4 选择第 2 张幻灯片版式

选择第 2 张幻灯片，并在【开始】选项卡的【幻灯片】选项组单击【版式】下拉按钮，在弹出的下拉菜单中选择【内容与标题】选项（见下图）。

5 更改版式

此时，即可将该幻灯片的【标题与内容】版式更改为【内容与标题】版式（见下图）。

9.2.2 添加幻灯片编号

在演示文稿中，我们既可以添加幻灯片编号、备注页编号、日期和时间，也可以添加水印。对这些操作在接下来的章节中将分别作详细介绍。

在演示文稿中添加幻灯片编号的具体操作步骤如下。

1 打开文件并单击【插入幻灯片编号】按钮

打开"素材 \ch9\ 绿色城市 .pptx"，并单击演示文稿中的第 1 张幻灯片缩略图，单击【插入】选项卡的【文本】选项组中的【插入幻灯片编号】按钮（见下图）。

2 设置【页眉和页脚】对话框

在弹出的【页眉和页脚】对话框中【幻灯片】选项卡下勾选【幻灯片编号】复选框，单击【应用】按钮（见右栏图）。

3 插入幻灯片编号

此时，即可在第 1 张幻灯片右下角插入幻灯片编号（见下图）。

4 为所有幻灯片插入编号

若在演示文稿中的所有幻灯片中都添加幻灯片编号，可在【页眉和页脚】对话框中【幻灯片】选项卡下单击选中【幻灯片编号】复选框后，单击【全部应用】按钮即可（见右栏图）。

9.2.3 添加备注页编号

在演示文稿中添加备注页编号的操作和添加幻灯片编号类似，只需在弹出的【页眉和页脚】对话框中选择【备注和讲义】选项卡，然后勾选【页码】复选框，单击【全部应用】按钮即可（见下图）。

9.2.4 添加日期和时间

在演示文稿中添加日期和时间的具体操作步骤如下。

1 打开文件并单击【日期和时间】按钮

在打开的"素材 \ch09\ 绿色城市 .pptx"，选择第 1 张幻灯片，在【插入】选项卡的【文本】选项组中单击【日期和时间】按钮 （见下图）。

2 设置【页眉和页脚】对话框

在弹出的【页眉和页脚】对话框的【幻灯片】选项卡中选中【日期和时间】复选框。选中【固定】单选按钮，并在其下的文本框中输入想要显示的日期，单击【应用】按钮（见下页图）。

4 为所有幻灯片添加日期和时间

若在演示文稿中的所有幻灯片中都添加日期和时间，单击【全部应用】按钮即可（见下图）。

提示

若要指定在每次打开或打印演示文稿时反映当前日期和时间更新，可以单击选中【自动更新】单选按钮，然后选择所需的日期和时间格式即可。

3 插入日期

此时，即可在第 1 张幻灯片左下角插入日期（见右栏图）。

9.2.5 添加水印

在幻灯片中添加水印时，我们既可以使用图片作为水印，也可以使用文本框或艺术字作为水印。

1. 使用图片或剪贴画作为水印

使用图片或剪贴画作为水印，方法很简单。

1 打开文件并单击【图片】按钮

打开"素材 \ch09\ 图片水印 .pptx"，并单击要添加水印的幻灯片，在【插入】选项卡的【图像】选项组中单击【图片】按钮（见右栏图）。

2 选择要插入的图片

在弹出的【插入图片】对话框中选择所需要的图片。如选择"素材 \ch09\ 水印 .jpg"，单击【插入】按钮（见下页图）。

単击

3 插入图片

将选择的图片插入到幻灯片中（见下图）。

使用图片添加水印

4 选择【大小和位置】选项

选中插入的图片并单击鼠标右键，在弹出的快捷菜单中选择【大小和位置】选项（见下图）。

选择

5 设置图片格式

在弹出的【设置图片格式】窗格中的【大小】区域中选中【锁定纵横比】和【相对于图片原始尺寸】复选框，并在【缩放高度】文本框中更改缩放比例为"70%"，按【Enter】键，完成自动调整（见下图）。

6 调整图片位置

在【设置图片格式】窗格中切换到【位置】区域，在【水平位置】文本框和【垂直位置】文本框中分别更改数值为【8厘米】和【0.64厘米】，以确定图片相对于左上角的位置，按【Enter】键（见下图）。

设置

7 查看效果

单击【关闭】按钮，调整图片位置后的效果如下图所示。

8 设置图片颜色

在【图片工具】➤【格式】选项卡的【调整】选项组中单击【颜色】按钮，从弹出的下拉列表的【重新着色】区域中选择【冲蚀】选项（见下图）。

9 设置图片格式

在【图片工具】➤【格式】选项卡的【排列】选项组中单击【下移一层】右侧的下拉按钮，然后从弹出的下拉列表中选择【置于底层】选项（见下图）。

10 调整图片大小

此时，适当调整图片的大小，即可查看到添加水印后的幻灯片效果，如下图所示。

2. 使用文本框或艺术字作为水印

可以使用文本或艺术字为幻灯片添加水印效果，用以指明演示文稿属于什么类型，如草稿或机密。

下面以文本框为例介绍使用文本框作为水印的方法。

1 选择要添加水印的幻灯片

打开"素材\ch09\绿色城市.pptx"，并单击要添加水印的幻灯片（见下图）。

2 插入矩形形状

在【插入】选项卡的【插图】选项组中单击【形状】按钮，在弹出的下拉列表中选择【矩形】选项（见下页图）。

> **提示**
>
> 也可以单击【插入】选项卡【文本】选项组中的【艺术字】按钮，插入合适的艺术字作为水印。

3 绘制矩形形状文本框

在幻灯片的合适位置处，按住鼠标左键并拖曳出一个矩形形状文本框（见下图）。

4 拖动文本框

移动鼠标指针至文本框，当指针变为时，按住鼠标左键将文本框拖动到新位置（见下图）。

5 选择文本框的填充颜色

选择【绘图工具】➤【格式】选项卡，单击【形状样式】选项组中的【形状填充】下拉按钮，在弹出的下拉列表中选择【茶色，背景2】颜色（见下图）。

6 选择文本框的轮廓

选择【绘图工具】➤【格式】选项卡，单击【形状样式】选项组中的【形状轮廓】下拉按钮，在弹出的下拉列表中选择【无轮廓】选项（见下图）。

7 设置文本框的格式

在【绘图工具】➤【格式】选项卡的【排列】选项组中单击【下移一层】右侧的下拉按钮，然后从弹出的下拉列表中选择【置于底层】选项（见下图）。

8 查看效果

此时可看到制作水印后的最终效果（见下页图）。

9.3 设计主题

本节视频教学时间 / 4 分钟

为了使演示文稿整体搭配合理，我们除了需要对演示文稿的整体框架进行搭配外，还需要对演示文稿的颜色、字体和效果等主题进行设置。

9.3.1 设计背景

PowerPoint 中自带了多种背景样式，用户可以根据需要选择。

1 打开文件并单击【设置背景格式】按钮

打开"素材 \ch09\ 公司市场研究项目方案 .pptx"，选择要设置背景样式的幻灯片。单击【设计】选项卡下【自定义】选项组中的【设置背景格式】按钮（见下图）。

2 设置背景格式

弹出【设置背景格式】窗格，单击选中【纯色填充】单选项，并设置【颜色】为【绿色，个性色 1】，【透明度】设置为【80%】，单击【应用到全部】按钮（见右栏图）。

3 查看效果

此时，即可看到设计幻灯片页面背景后的效果（见下图）。

> **提示**
>
> 此外，用户还可以设置渐变填充、图片或纹理填充、图案填充等填充类型。

9.3.2 配色方案

PowerPoint 中自带的主题样式如果都不适用于当前幻灯片，用户可以自行搭配颜色。不同颜色的搭配会产生不同的视觉效果。

1 选择【自定义颜色】选项

单击【设计】选项卡下【变体】选项组中的【其他】按钮▼，在弹出的下拉列表中选择【颜色】➤【自定义颜色】选项（见下图）。

2 选择合适的颜色

在弹出的【新建主题颜色】对话框中选择适当的颜色进行整体的搭配，单击【保存】按钮（见右栏图）。

3 应用自定义颜色

所选择的自定义颜色将直接应用于当前幻灯片上（见下图）。

9.3.3 主题字体

主题字体定义了两种字体：一种用于标题，另一种用于正文文本。二者可以是相同的字体（在所有位置使用），也可以是不同的字体。PowerPoint 使用主题字体可以构造自动文本样式，更改主题字体将对演示文稿中的所有标题和项目符号文本进行更改。

选择要设置主题字体效果的幻灯片后，在【设计】选项卡的【变体】选项组中单击【其他】按钮，选择【字体】选项，在弹出的下拉列表中，每种用于主题字体的标题字体和正文文本字体的名称将显示在相应的主题名称下，可以从中选择需要的字体

（见下图）。

如果内置字体不能满足需要，我们

可以单击下拉列表中的【自定义字体】选项，弹出【新建主题字体】对话框（见下图）。

在该对话框中设置西文字体和中文字体，然后单击【保存】按钮即可完成对主题字体的自定义。

9.3.4 主题效果

主题效果是应用于文件中元素的视觉属性的集合。主题效果、主题颜色和主题字体三者构成一个主题。

选择幻灯片后，在【设计】选项卡的【主题】选项组中单击【效果】按钮，在弹出的下拉列表中可以选择需要的主题效果（见下图）。

9.4 设计母版

本节视频教学时间 / 6分钟

幻灯片母版与幻灯片模板很相似。使用母版的目的是对幻灯片进行文本的放置位置、文本样式、背景和颜色主题等效果进行更改。

幻灯片母版可以用来制作演示文稿中的背景、颜色主题和动画等。使用幻灯片中的母版也可以快速制作出多张具有特色的幻灯片。

9.4.1 添加自定义占位符

可以向幻灯片母版添加的占位符类型有七种：内容、文本、图片、图表、表格、SmartArt图形以及媒体。如果占位符添加到幻灯片母版，它将在所有版式幻灯片上重复出现。

添加占位符的操作步骤如下。

1 新建幻灯片并单击【幻灯片母版】按钮

新建空白幻灯片，单击【视图】➤【母版视图】➤【幻灯片母版】按钮（见下图）。

2 选择幻灯片

在【幻灯片缩略图】窗格中选择第2张幻灯片，然后将原有的两个占位符删除（见下图）。

3 选择【文字（竖排）】

单击【幻灯片母版】➤【母版版式】➤【插入占位符】下拉按钮，在弹出的下拉列表中选择【文字（竖排）】（见下图）。

4 设置占位符位置和大小

当鼠标变为"十字"时，按住鼠标左键并拖动鼠标设置占位符的位置和大小（见下图）。

5 设置完成

占位符设置完成后如下图所示。

6 选择主题

单击【幻灯片母版】➤【编辑主题】➤【主题】下拉按钮，在弹出的下拉列表中选择【离子】主题，如下页图所示。

7 查看效果

设置完毕，单击【关闭】组中的【关闭母版视图】按钮，结果如下图所示。

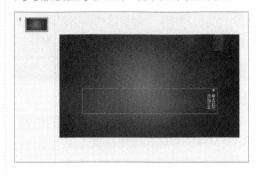

9.4.2 在幻灯片母版上更改背景

创建或自定义幻灯片母版最好在开始构建各张幻灯片之前，而不要在构建了幻灯片之后再创建母版。这样可以使添加到演示文稿中的所有幻灯片都基于创建的幻灯片母版和相关联的版式，从而避免幻灯片上的某些项目不符合幻灯片母版设计风格的现象出现。

在幻灯片母版上更改背景的具体操作步骤如下。

1 单击【幻灯片母版】按钮

单击【视图】➤【母版视图】➤【幻灯片母版】按钮（见下图）。

2 【幻灯片母版】选项卡下的功能

在弹出的【幻灯片母版】选项卡下的各选项组中可以设置占位符的大小及位置、背景设计和幻灯片的方向等（见下图）。

3 选择幻灯片并选择背景样式

选择第1张幻灯片，单击【幻灯片母版】➤【背景】➤【背景样式】下拉按钮，在弹出的下拉列表中选择合适的背景样式。如选择【样式8】选项（见下图）。

4 应用背景样式

选择的背景样式即可应用于全部幻灯片上（见下页图）。

5 设置幻灯片的内容

在幻灯片中可以更改占位符的位置，以及文字的字体和段落样式（见下图）。

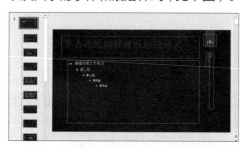

9.4.3 插入新的幻灯片母版和版式

除了修改现有的母版和版式外，还可以创建全新的母版和版式，这样一个演示文稿中就可以出现多种母版，每种母版又可以有自己独特的版式。

插入新的幻灯片母版和版式的具体操作步骤如下。

1 打开文件并进入母版视图

打开"素材\ch09\插入新的幻灯片母版和版式.pptx"，单击【视图】▶【母版视图】▶【幻灯片母版】按钮，将幻灯片切换为母版视图（见下图）。

6 关闭母版视图

设置完毕，单击【幻灯片母版】选项卡【关闭】选项组中的【关闭母版视图】按钮即可使空白幻灯片中的版式一致（见下图）。

2 插入幻灯片

单击【幻灯片母版】▶【编辑母版】▶【插入幻灯片母版】按钮，插入新的幻灯片母版后如下图所示。

3 选择【标题幻灯片】选项

关闭幻灯片母版，单击【开始】选项卡下【幻灯片】选项组中【新建幻灯片】按钮的下拉按钮，在弹出的下拉列表中即可看到包含两个母版。选择新建母版中的【标题幻灯片】选项（见下图）。

4 选择主题样式

选择新建的幻灯片页面，然后单击【设计】选项卡下【主题】选项组中【其他】按钮，在弹出的下拉列表中选择【环保】选项（见右栏图）。

5 查看效果

此时，即可看到插入新的幻灯片母版后的效果（见下图）。

 高手私房菜

技巧 1 ● 更改幻灯片大小

默认情况下 PowerPoint 2019 中幻灯片页面的显示比例为 16:9，用户可以根据需要调整幻灯片的显示比例及页面大小。

1 设置页面比例

单击【设计】选项卡下【自定义】选项组中的【幻灯片大小】按钮，在弹出的下拉列表中即可设置页面显示比例（见右栏图）。

2 选择【自定义幻灯片大小】选项

如果要自定义幻灯片大小，可以选择【自定义幻灯片大小】选项，打开【幻灯片大小】对话框（见下图）。

3 设置幻灯片大小

根据需要设置幻灯片的大小，如下图所示，单击【确定】按钮（见下图）。

4 单击【确保合适】按钮

弹出【Microsoft PowerPoint】提示框，单击【确保合适】按钮（见下图）。

5 查看效果

此时，即可看到自定义幻灯片大小后的效果（见下图）。

技巧 2 ● 保存自定义主题

若为演示文稿自定义了主题之后，为方便下次使用，可以将其保存。

1 选择【保存当前主题】选项

单击【设计】选项卡下【主题】选项组中的【其他】按钮，在弹出的下拉列表中选择【保存当前主题】选项（见右栏图）。

2 保存当前主题

弹出【保存当前主题】对话框，选择保存的位置，输入文件名，单击【保存】按钮，完成主题的保存（见下图）。

3 选择【浏览主题】选项

新建空白幻灯片，单击【设计】选项卡下【主题】选项组中的【其他】按钮，在弹出的下拉列表中选择【浏览主题】选项（见下图）。

4 选择主题

弹出【选择主题或主题文档】对话框，选择保存的自定义主题，单击【应用】按钮（见下图）。

5 应用自定义主题

此时，即可将保存的自定义主题应用到新建的空白幻灯片中（见下图）。

举一反三

本章中介绍了制作个性幻灯片模板与母版的方法，主要涉及了使用模板、设计版式、设计主题以及母版等内容。一般来说这类演示文稿，比较注重视觉效果，要做到整个演示文稿的颜色协调统一。除了之前介绍的演示文稿以外，类似的还有产品推广、各类培训等类别（见下页图）。

第 10 章

将内容表现在演示文稿上
——实用型演示文稿

本章视频教学时间 / 1 小时 18 分钟

🎧 重点导读

演示文稿的灵魂是内容。在使用演示文稿给观众传达信息时，首先要考虑内容的实用性和易读性，力求做到简单（使观众一看就明白要表达的意思）和实用（观众能从中获得有用的信息）。特别是用于讲演、课件、员工培训、公司会议等的演示文稿，更要如此。

📖 学习效果图

10.1 制作"毕业设计课件"演示文稿

本节视频教学时间 / 15 分钟 ▣

"毕业设计课件"演示文稿是毕业生经常用到的一种演示文稿类型。制作一份精美的毕业设计课件演示文稿可以加深论文答辩老师对毕业设计的印象，达到事半功倍的效果。

10.1.1 设计首页幻灯片

本节主要涉及应用主题、设置文本格式等内容。

1 新建幻灯片并选择【丝状】主题样式

启动 PowerPoint 2019，新建空白幻灯片。然后单击【设计】选项卡【主题】选项组中的【其他】按钮▾，在弹出的下拉列表中选择【丝状】主题样式（见下图）。

2 创建主题

主题创建完成后如下图所示。

3 输入标题

输入演示文稿的标题和副标题（见下图）。

4 设置标题

选中标题文字，设置【字体】为【华文行楷】、【字号】为【96】，并添加【加粗】效果。单击【段落】选项组的【居中】按钮，将文字居中显示（见下图）。

5 设置副标题

重复步骤 4，选中副本标题文字，设置【字体】为【华文行楷】、【字号】为【32】，并添加【加粗】效果。单击【段落】选项组的【右对齐】按钮。最后选中标题和副标题的输入框，将它们调整到合适的位置，结果如下页图所示。

10.1.2 设计第 2 张幻灯片

本节主要涉及输入文本、设置文本格式等内容。

1 选择【标题和内容】选项

单击【开始】选项卡下【幻灯片】选项组中的【新建幻灯片】下拉按钮，在弹出的快捷菜单中选择【标题和内容】选项（见下图）。

2 添加标题

在新添加的幻灯片中单击【单击此处添加标题】文本框，在该文本框中输入"商业插画概述"，并设置【字体】为【华文行楷】、【字号】为【32】，并添加【加粗】效果。单击【段落】选项组的【左对齐】按钮，将文字左对齐显示（见右栏图）。

3 设置幻灯片内容字体

单击【单击此处添加文本】文本框，删除文本框中的所有内容，将"素材\ch10\ 商业插画概述 .txt"文件中的内容粘贴过来，并设置【字体】为【华文楷体】、【字号】为【24】（见下图）。

4 设置幻灯片内容段落格式

选中"商业插画概述"的文本内容，单击鼠标右键，在弹出的快捷菜单中选择【段落】选项，在弹出的【段落】对话框中进行如下设置（见下图）。

10.1.3 设计第3张幻灯片

本节主要涉及输入文本、插入图片及设置图片格式等内容。

1 复制并粘贴幻灯片

选中上节创建的幻灯片，按【Ctrl+C】组合键复制，然后在该幻灯片的下方按【Ctrl+V】组合键粘贴（见下图）。

2 修改标题和内容文本

分别选中标题和内容文本对其进行修改（见下图）。

3 选择相应项目符号

选中下面的内容文本框中的三行文字，然后单击【开始】选项卡【段落】选项组中的【项目符号】下拉按钮，在

5 调整文本框

调整文本框的位置和大小，最终效果如下图所示。

弹出的下拉列表中选择相应的项目符号（见下图）。

4 设置行距

单击【开始】选项卡【段落】选项组中的【段落】按钮，在弹出的【段落】对话框中将行距设置为【2倍行距】（见下图）。

5 查看效果

添加项目符号和重新设置段落间距后的效果如下页图所示。

6 插入图片

单击【插入】选项卡下【图像】选项组中的【图片】按钮，在弹出的【插入图片】对话框中选中"素材 \ch10\ 插图 1.jpg"，单击【插入】按钮（见下图）。

7 调整图片的位置

将图片插入到幻灯片中。调整图片的位置后效果如右栏图所示。

8 选择【金属椭圆】图案

选中图片，然后单击【格式】选项卡下【图片样式】选项组中的【其他】按钮 ，在弹出的下拉列表中选择【金属椭圆】图案（见下图）。

9 调整图片大小

图片的样式设置完成后，选中图片，然后拖动图片四周的句柄对图片的大小进行调整，结果如下图所示。

10.1.4 设计第4张幻灯片

本节主要涉及插入 SmartArt 图形、设置 SmartArt 图形格式等内容。

1 复制、粘贴第3张幻灯片并调整

按住【Ctrl+C】组合键复制第 3 张幻灯片，然后在第 3 张幻灯片下方按【Ctrl+V】组合键粘贴。将新幻灯片的标题改为"插画的审美特性"，然后其他内容全部删除（见右栏图）。

2 插入 SmartArt 图形

单击【插入】选项卡下【插图】选项组中的【SmartArt】按钮，在弹出的【选中 SmartArt 图形】对话框上选择【列表】区域中的【垂直曲形列表】选项，单击【确定】按钮（见下图）。

3 输入文本内容

此时，即可在幻灯片中插入 SmartArt 图形，然后输入如下图所示的文本内容，并将其移动至合适的位置（见下图）。

4 更改 SmartArt 图形颜色

选中 SmartArt 图形，然后单击【SmartArt 工具】▶【设计】选项卡下【SmartArt 样式】选项组中的【更改颜色】下拉按钮，在弹出的下来列表中选择【彩色】选项区的【彩色范围 - 个性色 2 至 3】（见右栏图）。

10.1.5 设计结束幻灯片

本节主要涉及插入艺术字、输入文本内容等。

1 新建幻灯片并插入艺术字

新建空白幻灯片，单击【插入】选项卡下【文本】选项组中的【艺术字】按钮，

5 选择【平面场景】选项

单击【设计】选项卡下【SmartArt 样式】选项组中的【其他】按钮▾，在弹出的下拉列表中选择【金属场景】选项（见下图）。

6 设置文本框中的文字

单击 SmartArt 图形左边框上的‹ 按钮，在弹出的文本框中选中所有的文字，然后将文字的【字体】改为【楷体】、【字号】改为【40】，结果如下图所示。

在弹出的下拉列表中选择【填充：白色；边框：深红，主题色1；发光：深红，主题色1】选项（见下图）。

☑ 设置字体

在插入的艺术字体文本框中输入"谢谢观看"，然后设置【字体】为【华文行楷】、【字号】为【96】（见下图）。

☑ 设置形状效果

选中文本框，然后单击【开始】选项卡【绘图】选项组中的【形状效果】的下拉按钮，在弹出的下拉列表中选择

【三维旋转】➤【平行】➤【离轴1右】（见下图）。

☑ 查看效果

形状效果设置完成后结果如下图所示。

10.2 制作"员工培训"演示文稿

本节视频教学时间 / 26分钟

员工培训是组织或公司为了开展业务及培育人才的需要，采用各种方式对员工进行有目的、有计划地培养和训练的管理活动，使员工不断更新知识、提高技能，够更好地胜任现职工作或担负更高级别的职务，从而提高工作效率。

10.2.1 设计员工培训首页幻灯片

设计员工培训首页幻灯片页面的步骤如下。

1 另存文件并添加主题

启动 PowerPoint 2019 软件，进入 PowerPoint 工作界面，并将其另存为"员工培训"，并添加【水滴】主题（见下图）。

2 插入艺术字

删除幻灯片页面中的两个文本占位符，单击【插入】选项卡下【文本】选项组中的【艺术字】按钮，在弹出的下拉列表中选择【填充：黑色，文本 1；阴影】选项（见下图）。

3 设置字体

在插入的艺术字文本框中输入"员工培训"，设置【字体】为【华文楷体】、【字号】为【120】，并将文本框移动到合适的位置（见下图）。

4 插入艺术字并设置字体

重复步骤 2，在插入的艺术字文本框

中输入"主讲人：孔经理"，设置【字体】为【华文楷体】、【字号】为【54】（见下图）。

5 设置【旋转】动画

选中"主讲人：孔经理"文本框，单击【动画】选项卡【动画】选项组下的【其他】按钮，在弹出的下拉列表中选择【旋转】选项（见下图）。

6 设置【摩天轮】动画

单击【切换】选项卡【切换到此幻灯片】选项组中的【其他】按钮，在弹出的下拉列表中选择【摩天轮】选项为本张幻灯片设置切换效果（见下图）。

10.2.2 设计员工培训现况简介幻灯片

设计员工培训现况简介幻灯片页面的步骤如下。

1 选择【标题和内容】选项

单击【开始】选项卡【幻灯片】选项组中的【新建幻灯片】按钮，在弹出的快捷菜单中选择【标题和内容】选项（见下图）。

2 添加标题并设置

在新添加的幻灯片中单击【单击此处添加标题】文本框，并在该文本框中输入"现况简介"文本内容，设置【字体】为【宋体(标题)】，设置【字号】为【54】，并添加【文字阴影】效果，单击【段落】组中的【左对齐】按钮，使文字左对齐显示（见下图）。

3 选择【梯形列表】选项

将【单击此处添加文本】文本框删除，之后单击【插入】选项卡【插图】选项组中的【SmartArt】按钮，在弹出的【选择 SmartArt 图形】对话框中选择【列表】区域中的【梯形列表】选项（见右栏图）。

4 输入相应内容并调整图形

单击【确定】按钮，然后输入相应的文本内容，调整图形的大小，并将其移动到合适的位置（见下图）。

5 更改 SmartArt 图形颜色

选中刚插入的 SmartArt 图形，然后单击【SmartArt 工具】➤【设计】选项卡下【SmartArt 样式】选项组中的【更改颜色】下拉按钮，在弹出的下拉列表中选中【彩色范围 - 个性色 5 至 6】（见下图）。

6 选择【平面场景】

单击【SmartArt工具】➤【设计】选项卡下【SmartArt样式】选项组中的【其他】按钮 ，在弹出的下拉列表中选择【三维】组中的【平面场景】（见下图）。

7 查看效果

SmartArt图形的样式设置完成后结果如下图所示。

8 选择【擦除】选项

选择插入的SmartArt图形，单击【动画】选项卡【动画】选项组中的【擦除】选项（见下图）。

9 选择【效果选项】选项

单击【动画】选项卡【高级动画】选项组中的【动画窗格】按钮，在弹出

的【动画窗格】窗格中，单击动画选项右侧的下拉按钮，在弹出的下拉列表中选择【效果选项】选项（见下图）。

10 选择【自左侧】选项

在弹出的【擦除】对话框上单击【效果】选项卡下【设置】区域中的【方向】下拉列表框，在弹出的下拉列表中选择【自左侧】选项（见下图）。

11 选择【上一动画之后】选项

单击【计时】选项卡下的【开始】下拉列表框，在弹出的下拉列表中选择【与上一动画同时】选项（见下图）。

12 选择【逐个】选项

打开【SmartArt】选项卡下的【组合图形】下拉列表框，选择【逐个】选项（见下图）。

13 返回幻灯片设计窗口

单击【确定】按钮，返回幻灯片设计窗口，查看【动画窗格】窗格中幻灯片的设计效果（见右栏图）。

14 设置【轨道】切换效果

单击【切换】选项卡【切换到此幻灯片】选项组中的【其他】按钮，在弹出的下拉列表中选择【轨道】选项为本张幻灯片设置切换效果（见下图）。

10.2.3 设计员工学习目标幻灯片

设计员工学习目标幻灯片页面的步骤如下。

1 输入标题并设置字体样式

单击【新建幻灯片】按钮，在弹出的快捷菜单中选择【标题和内容】选项。在新添加的幻灯片中单击【单击此处添加标题】文本框，并在该文本框中输入"学习目标"，设置【字体】为【宋体(标题)】，设置【字号】为【54】，并添加【文字阴影】效果，单击【段落】选项组中的【左对齐】按钮，使文字左对齐显示（见右栏图）。

2 输入文本内容并设置字体样式

将【单击此处添加文本】文本框删除，之后单击【插入】选项卡【文本】选项组中的【文本框】按钮，在弹出的下拉菜单中选择【绘制横排文本框】选项，绘制一个文本框并输入相关的文本内容，设置【字体】为【宋体（正文）】，设置【字号】为【40】，设置【行距】为【1.5倍行距】，并添加项目符号，之后对文本框进行移动调整（见下图）。

③ 选择【浮入】选项

选中上一步操作中所设计的文本框，单击【动画】选项卡【动画】选项组中的【浮入】选项（见下图）。

④ 选择【效果选项】选项

单击【动画】选项卡【高级动画】选项组中的【动画窗格】按钮，单击弹出的【动画窗格】窗格的动画选项右侧的下拉按钮，在弹出的下拉列表中选择【效果选项】选项（见下图）。

⑤ 选择【与上一动画同时】选项

在弹出的【上浮】对话框中单击【计时】选项卡，在【开始】下拉列表中选择【与上一动画同时】选项（见下图）。

⑥ 设置间隔时间

选择【文本动画】选项卡，将组合文本设置为【按第一级段落】，然后设置间隔时间为【0.5】秒，单击【确定】按钮（见下图）。

⑦ 设计效果图

最终【动画窗格】窗格的设计效果如下图所示。

⑧ 插入图片并调整

单击【插入】选项卡【图像】选项组中的【图片】按钮，在弹出的【插入图片】对话框中选择"素材\ch10\学习.jpg"，单击【插入】按钮，插入到幻灯片中，并调整图片的大小和位置，然后选中图片，单击【图片工具】➤【格式】选项卡【图片样式】选项组中【图片效果】下拉按钮，在弹出的下拉列表中选择【映像】效果为【紧密映像: 接触】（见下图）。

⑨ 最终效果图

对插入图片进行调整，最终效果如下图所示。

⑩ 选择【缩放】选项

单击【切换】选项卡【切换到此幻灯片】选项组中的【其他】按钮，在弹出的下拉列表中选择【缩放】选项，为本张幻灯片设置切换效果（见下图）。

10.2.4 设计员工曲线学习技术幻灯片

设计员工曲线学习技术幻灯片页面的步骤如下。

① 新建幻灯片并设置标题

新建一张【标题和内容】幻灯片，在新添加的幻灯片中单击【单击此处添加标题】文本框，并在该文本框中输入"曲线学习技术"文本内容，设置【字体】为【宋体(标题)】，设置【字号】为【54】，并添加【文字阴影】效果，单击【段落】选项组中的【左对齐】按钮，使其左对齐显示（见右栏图）。

② 插入图表

将【单击此处添加文本】文本框删除，之后单击【插入】选项卡【插图】选项组中的【图表】按钮，在弹出的【插入图表】对话框中，选择【堆积折线图】选项，单击【确定】按钮（见下图）。

3 输入图表数据

在弹出的【Microsoft PowerPoint 中的图表】对话框中，按下表进行设计（见下图）。

10.2.5 设计工作要求幻灯片

设计工作要求幻灯片页面的步骤如下。

1 新建幻灯片并设置标题

新建一张【标题和内容】幻灯片，在新添加的幻灯片中单击【单击此处添加标题】文本框，并在该文本框中输入"把工作做到最好"，设置【字体】为【宋体（标题）】，设置【字号】为【54】，并添加【文字阴影】效果，单击【段落】选项组中的【左对齐】按钮，使其左对

4 调整图表

关闭【Microsoft PowerPoint 中的图表】对话框，调整图表的位置和大小，效果如下图所示。

5 设置切换效果

单击【切换】选项卡【切换到此幻灯片】选项组中的【其他】按钮▾，在弹出的下拉列表中选择【旋转】选项，为本张幻灯片设置切换效果（见下图）。

齐显示（见下图）。

2 设置文本内容

将【单击此处添加文本】文本框删除，之后单击【插入】选项卡【文本】选项组中的【文本框】按钮，在弹出的下拉菜单中选择【绘制横排文本框】选项，绘制一个文本框并输入相关的文本内容，设置【字体】为【宋体（正文）】且加粗，设置【字号】为【40】，【行距】为【1.5倍行距】，并添加项目符号，之后对文本框进行移动调整（见下图）。

3 插入图片并调整

插入"素材\ch10\工作.jpg"，并调整图片位置和大小，最终效果如右栏图所示。

10.2.6 设计总结与问题幻灯片

设计总结与问题幻灯片页面的步骤如下。

1 新建幻灯片并设置标题

新建一张【标题和内容】幻灯片，在新添加的幻灯片中单击【单击此处添加标题】文本框，并在该文本框中输入"总结与问题"，设置【字体】为【宋体（标题）】，【字号】为【54】，并添加【文字阴影】效果，单击【段落】选项组中的【左对齐】按钮，使其左对齐显示（见右栏图）。

4 设置切换效果

单击【切换】选项卡【切换到此幻灯片】选项组中的【其他】按钮，在弹出的下拉列表中选择【翻转】选项为本张幻灯片设置切换效果（见下图）。

2 插入艺术字

将【单击此处添加文本】文本框删除，之后单击【插入】选项卡【文本】选项组中的【艺术字】按钮，在弹出的下拉列表中选择【填充：白色；边框：绿色，主题色2；清晰阴影：绿色，主题色2】

选项（见下图）。

3 设置艺术字并调整其位置

插入"总结"和"问题"两个艺术字，并设置【字体】为【华文行楷】，【字号】为【80】并调整其位置（见下图）。

10.2.7 设计结束幻灯片页面

设计员工培训结束幻灯片页面的步骤如下。

1 新建幻灯片并插入艺术字

新建一张【标题和内容】幻灯片，删除新插入幻灯片页面中的所有文本框，然后单击【插入】选项卡【文本】选项组中的【艺术字】按钮，在弹出的下拉列表中选择【填充：黑色，文本色1；边框：白色，背景色1；清晰阴影：白色，背景色1】选项（见下图）。

4 设置动画效果

分别设置两个艺术字的动画为【飞入】效果（见下图）。

5 设置切换效果

单击【切换】选项卡【切换到此幻灯片】选项组中的【形状】选项，为本张幻灯片设置切换效果（见下图）。

2 设置字体

在插入的艺术字文本框中输入"完"文本内容，并设置【字号】为【150】，设置【字体】为【华文行楷】，并调整文本框的位置（见下图）。

3 设置动画效果

设置艺术字的动画效果为【缩放】（见下页图）。

4 设置切换效果

单击【切换】选项卡【切换到此幻灯片】选项组中的【擦除】选项，为本张幻灯片设置切换效果（见下图）。

5 保存文件

将制作好的幻灯片保存为"员工培训 PPT.pptx"（见下图）。

10.3 制作会议类型演示文稿

本节视频教学时间 /16 分钟

会议是人们为了解决某个共同的问题或出于不同的目的聚集在一起进行讨论、交流的活动。本节将来制作一个发展战略研讨会的演示文稿。

10.3.1 设计会议首页幻灯片页面

设计会议首页幻灯片页面的步骤如下。

1 另存文件并选择【回顾】选项

启动 PowerPoint 2019 应用软件，进入 PowerPoint 工作界面，并将其另存为"会议 PPT"。单击【设计】选项卡【主题】选项组中【回顾】选项（见右栏图）。

2 插入艺术字

删除【单击此处添加标题】文本框，单击【插入】选项卡【文本】选项组中的【艺术字】按钮，在弹出的下拉列表中选择【图案填充：橙色，主题色1，50%；清晰阴影：橙色，主题色1】选项（见下图）。

3 设置艺术字字体

在插入的艺术字文本框中输入"发展战略研讨会"文本内容，并设置【字号】为【80】，设置【字体】为【黑体】（见下图）。

4 选择【紧密映像：接触】选项

选中艺术字，单击【绘图工具】➤【格式】选项卡【艺术字样式】选项组中的【文字效果】按钮，在弹出的下拉列表中选择【映像】区域下的【紧密映像：接触】选项（见下图）。

5 设置副标题

单击【单击此处添加副标题】文本框，并在该文本框中输入"先锋科技有限公司"文本内容，设置【字体】为【华文楷体】，【字号】为【54】，【字体颜色】为【黑色】，并拖曳文本框至合适的位置（见下图）。

10.3.2 设计会议内容幻灯片页面

设计会议内容幻灯片页面的步骤如下。

1 新建幻灯片并设置标题

新建一张【标题和内容】幻灯片，并输入标题"会议内容"，设置【字体】为【黑体】，【字号】为【66】（见右栏图）。

❷ 输入并设置文本内容

将【单击此处添加文本】文本框删除，之后单击【插入】选项卡【文本】选项组中的【文本框】按钮，在弹出的下拉菜单中选择【绘制横排文本框】选项。绘制一个文本框并输入相关文本内容，设置【字体】为【华文新魏】，设置【字号】为【36】，并设置【行距】为【1.5倍行距】（见下图）。

❸ 插入图片

单击【插入】选项卡【图像】选项组中的【图片】按钮，在弹出的【插入图片】对话框中选择"素材 \ch10\ 会议 .jpg"。将图片插入到幻灯片中，并调整图片的位置，最终效果如下图所示。

❹ 设置动画效果

选中文本框中的文字内容，单击【动画】选项卡【动画】选项组中的【飞入】选项（见下图）。

❺ 设置【动画窗格】对话框

单击【动画】选项卡【高级动画】选项组中的【动画窗格】对话框，弹出【动画窗格】对话框。选中第2~5行动画，单击动画右侧的下拉按钮，设置2 ~ 5行文字的动画效果为【从上一项之后开始】（见下图）。

❻ 设置图片

选中图片，设置图片的动画为【形状】，在【动画窗格】窗格中设置动画效果为【从上一项之后开始】（见下图）。

❼ 设置切换效果

单击【切换】选项卡【切换到此幻灯片】选项组中的【随机线条】选项，为本张幻灯片设置切换效果（见下页图）。

8 最终效果图

制作完成的最终效果如下图所示。

10.3.3 设计会议讨论幻灯片页面

设计会议讨论幻灯片页面的步骤如下。

1 新建幻灯片并设置标题

新建一张【标题和内容】幻灯片，并输入标题"讨论"，设置【字体】为【黑体】，【字号】为【66】（见下图）。

2 输入并设置文本内容

将【单击此处添加文本】文本框删除，之后单击【插入】选项卡【文本】选项组中的【文本框】按钮，在弹出的下拉菜单中选择【绘制横排文本框】选项。绘制一个文本框并输入相关文本内容，设置【字体】为【华文新魏】，设置【字号】为【36】，并设置【行距】为【1.5倍行距】，调整文本框的位置和大小（见右栏图）。

3 插入图片并调整

单击【插入】选项卡【图像】选项组中的【图片】按钮，选择"素材\ch10\讨论.jpg"，将图片插入幻灯片并调整图片的位置，最终效果如下图所示。

4 设置文本内容的动画效果

选中文本框中的文字内容，单击【动画】选项卡【动画】选项组中【浮入】选项（见下页图）。

5 设置【动画窗格】对话框

单击【动画】选项卡【高级动画】选项组中的【动画窗格】按钮,弹出【动画窗格】对话框。选中第2~3行动画,单击动画右侧的下拉按钮,设置2～3行文字的动画效果为【从上一项之后开始】(见下图)。

6 设置图片的动画效果

选中图片,设置图片的动画为【淡入】,在【动画窗格】对话框中设置动画效果为【从上一项之后开始】,【动画窗格】对话框的最终效果如下图所示。

10.3.4 设计会议结束幻灯片页面

设计会议结束幻灯片页面的步骤如下。

1 新建幻灯片并插入艺术字

新建一张【空白】幻灯片,单击【插入】选项卡【文本】选项组中的【艺术字】

7 设置【淡入】对话框

选中图片,在【动画窗格】对话框中单击【图片6】动画右侧的下拉按钮,在弹出下拉列表中选择【计时】选项。弹出【淡入】对话框,在【计时】选项卡下设置【期间】值为【慢速(3秒)】(见下图)。

8 设置切换效果

单击【确定】按钮,关闭【淡入】对话框,单击【切换】选项卡【切换到此幻灯片】选项组中的【其他】按钮,在弹出的下拉列表中选择【立方体】选项,为本张幻灯片设置切换效果(见下图)。

按钮，在弹出的下拉列表中选择【填充：白色；边框：橙色，主题色2；清晰阴影：橙色，主题色2】选项（见下图）。

2 设置字体

在插入的艺术字文本框中输入"谢谢观看"文本内容，并设置【字号】为【150】，设置【字体】为【华文行楷】，调整文本框的位置，效果如下图所示。

3 设置切换效果

单击【切换】选项卡【切换到此幻灯片】选项组中的【其他】按钮，在弹出的下拉列表中选择【日式折纸】选项，为本张幻灯片设置切换效果（见下图）。

4 保存文件

将制作好的幻灯片保存为"会议PPT.pptx"（见下图）。

10.4 制作沟通技巧类型演示文稿

本节视频教学时间 / 21 分钟

沟通是人与人之间、人与群体之间思想与感情的传递和反馈的过程，以求思想达成一致。沟通是社会交际中必不可少的技能，沟通的成效直接影响着工作或事业成功与否。

10.4.1 设计幻灯片母版

此演示文稿中除了首页和结束页外，其他所有幻灯片中都需要在标题处放置一个关于沟通交际的图片，为了体现版面的美观，并设置四角为弧形。设计幻灯片母版的步骤如下。

1 设置幻灯片大小

启动 PowerPoint 2019，进入 Power Point 工作界面，并将其另存为"沟通技巧 PPT"。单击【设计】选项卡下【自定义】选项组中【幻灯片大小】按钮的下拉按钮，选择【标准（4:3）】选项，设置【幻灯片大小】为"标准（4:3）"（见下图）。

2 进入母版视图

单击【视图】选项卡下【母版视图】选项组中的【幻灯片母版】按钮，切换到幻灯片母版视图，并在左侧列表中单击第 1 张幻灯片（见下图）。

3 插入图片

单击【插入】选项卡【图像】选项组中的【图片】按钮，在弹出的对话框中选择"素材 \ch10\ 背景 1.png"，单击【插入】按钮（见右栏图）。

4 调整图片位置

插入图片并调整图片的位置，如下图所示。

5 绘制矩形框并调整

使用形状工具在幻灯片底部绘制 1 个矩形框，并去除矩形框的轮廓，设置填充颜色为蓝色（R:29，G:122，B:207）（见下图）。

6 绘制圆角矩形框并调整

使用形状工具绘制 1 个圆角矩形框，并拖动圆角矩形左上方的黄点，调整圆角角度。设置【形状填充】为【无填充颜色】，设置【形状轮廓】为【白色】、【粗细】为【4.5磅】（见下图）。

7 绘制正方形并调整

在左上角绘制1个正方形，设置【形状填充】和【形状轮廓】为【白色】并单击鼠标右键，在弹出的快捷菜单中选择【编辑顶点】选项，删除右下角的顶点，并单击斜边中点向左上方拖动，调整为如下图所示的形状（见下图）。

8 调整幻灯片形状

按照上述操作，绘制并调整幻灯片其他角的形状（见下图）。

9 设置标题

将标题框置于顶层，调整文本框的位置和大小，并设置内容【字体】为【微软雅黑】、【字号】为【40】、【颜色】为【白色】（见下图）。

10.4.2 设计首页和图文幻灯片

首页幻灯片由能够体现沟通交际的背景图和标题组成，具体操作步骤如下。

第1步：设计首页幻灯片。

1 选择幻灯片

在幻灯片母版视图中选择左侧列表的第2张幻灯片（见右栏图）。

2 隐藏背景

选中【幻灯片母版】选项卡【背景】选项组中的【隐藏背景图形】复选框，即可将背景隐藏（见下图）。

3 设置背景格式

单击【背景】选项组右下角的【设置背景格式】按钮，在弹出的【设置背景格式】窗格的【填充】区域中选择【图片或纹理填充】单选按钮，并单击【文件】按钮，在弹出的对话框中选择"素材\ch10\首页.jpg"（见下图）。

4 查看效果

设置背景后的幻灯片如右栏图所示。

5 绘制文本框并调整

重复上面的操作，绘制1个圆角矩形框，在四角绘制4个正方形，并调整形状顶点如下图所示。

6 单击【关闭母版视图】按钮并调整标题

单击【关闭母版视图】按钮，返回普通视图。在标题文本框中输入文字"提升你的沟通技巧"，将【字号】设置为【50】，并调整文本框的位置和大小，删除副标题文本框（见下图）。

第2步：设计图文幻灯片。

图文幻灯片的目的是使用图形和文字形象地说明沟通的重要性，设置图文幻灯片的具体操作步骤如下。

1 新建幻灯片并输入标题

新建1张【仅标题】幻灯片，并输入标题"为什么要沟通？"（见下图）。

2 插入图片并调整位置

单击【插入】选项卡【图像】选项组中的【图片】按钮，插入"素材\ch10\沟通.png"，并调整图片的位置（见下图）。

3 插入云形标注

使用形状工具插入两个云形标注。在云形标注上单击鼠标右键，在弹出的快捷菜单中选择【编辑文字】选项，并输入如下文字（见右栏图）。

4 新建幻灯片并输入标题

新建1张【标题和内容】幻灯片，并输入标题"沟通有多重要？"（见下图）。

5 插入三维饼图

单击内容文本框中的【插入图表】按钮，在弹出的【插入图表】对话框中选择【饼图】➤【三维饼图】选项，单击【确定】按钮（见下图）。

⑥ 修改数据

在打开的 Excel 工作簿中修改数据如下图所示。

⑦ 插入图表

关闭 Excel 工作簿，即可在幻灯片中插入图表，并修改图表如下图所示。

⑧ 选择【样式 9】

选择图表，然后选择【图表工具】➤【设计】选项卡，单击【图表样式】组中的【其他】按钮，选择【样式 9】选项（见下图）。

⑨ 设置数据系列格式

选择饼状图并双击，在弹出的【设置数据系列格式】窗格中【系列选项】下，将【饼图分离】设置为【15%】（见下图）。

⑩ 插入文本框并调整内容

调整饼图的位置和大小，在图表下方插入 1 个文本框，输入内容，并调整文字的字体、字号和颜色，效果如下图所示。

10.4.3 设计图形幻灯片

使用各种形状图形和 SmartArt 图形直观地展示沟通的重要原则和高效沟通的步骤，设计图形幻灯片的具体操作步骤如下。

第 1 步：设计"沟通的重要原则"幻灯片。

① 新建幻灯片并输入标题

新建 1 张【仅标题】幻灯片，并输入标题内容"沟通的重要原则"（见下页图）。

2 绘制圆角矩形并调整

使用形状工具绘制 5 个圆角矩形，调整圆角矩形的圆角角度，并分别应用一种形状样式（见下图）。

3 设置【形状填充】和【形状轮廓】

再绘制 4 个圆角矩形，设置【形状填充】为【无填充颜色】，分别设置【形状轮廓】为【绿色】【黄色】【蓝色】和【橙色】（见下图）。

4 输入文字

在形状上单击鼠标右键，在弹出的快捷菜单中选择【编辑文字】选项，输入文字，如下图所示。

5 连接图形

绘制直线将图形连接起来（见下图）。

第 2 步：设计"高效沟通步骤"幻灯片。

1 新建幻灯片并输入标题

新建 1 张【仅标题】幻灯片，并输入标题"高效沟通步骤"（见下图）。

2 插入 SmartArt 图形

单击【插入】选项卡【插图】选项

组中的【SmartArt】按钮，在弹出的【选择 SmartArt 图形】对话框中选择【连续块状流程】图形，单击【确定】按钮（见下图）。

③ 输入文字

在 SmartArt 图形中输入文字，如下图所示。

④ 更改 SmartArt 图形颜色

选择 SmartArt 图形，单击【设计】选项卡【SmartArt 样式】选项组中的【更改颜色】按钮，在下拉列表中选择【彩色轮廓 - 个性色 3】选项（见下图）。

⑤ 选择【嵌入】选项

单击【SmartArt 样式】选项组中的按钮，在下拉列表中选择【嵌入】选项（见下图）。

⑥ 绘制圆角矩形并应用蓝色形状样式

在 SmartArt 图形下方绘制 6 个圆角矩形，并应用蓝色形状样式（见下图）。

⑦ 输入文字并设置

在圆角矩形中输入文字，为文字添加"√"形式的项目符号，并设置【字体颜色】为【白色】，如下图所示。

10.4.4 设计结束页幻灯片和切换效果

结束页幻灯片和首页幻灯片的背景一致，只是标题内容不同。具体操作步骤如下。

1 新建幻灯片并输入标题

新建1张【标题幻灯片】，并在标题文本框中输入"谢谢观看！"（见下图）。

2 应用【淡入/淡出】效果

选择第1张幻灯片，并单击【切换】选项卡【切换到此幻灯片】选项组中的按钮，应用【淡入/淡出】效果（见下图）。

3 查看切换效果

分别为其他幻灯片应用切换效果，并单击【预览】按钮查看切换效果（见下图）。

4 制作完成

至此，演示文稿制作完成。制作完成的沟通技巧类型演示文稿效果如下图所示。

第 11 章

让别人快速明白你的意图
——报告型演示文稿

本章视频教学时间 / 2 小时 4 分钟

🎧 重点导读

烦琐、大量的数据容易使观众产生疲倦感和排斥感，我们可以通过各种图表和图形将这些数据以最直观的形式展示给观众，让观众快速地明白这些数据之间的关联以及更深层的含义，为抉择提供依据。

📖 学习效果图

11.1 制作"个人电脑销售报告"演示文稿

本节视频教学时间 / 33 分钟

销售报告类演示文稿要将数据以直观的图表形式展示出来，以便观众能够快速地了解到数据信息，所以在此类演示文稿中，应用合适的图表十分关键。如果在图表中再配以动画形式，更能给人耳目一新的感觉。

11.1.1 设计幻灯片母版

除了首页和结束页外，其他幻灯片都以蓝天白云为背景，并在标题中应用动画效果。此形式可以在母版中进行统一设计，步骤如下。

1 进入母版视图

启动 PowerPoint 2019，单击【视图】选项卡【母版视图】选项组中的【幻灯片母版】按钮，切换到幻灯片母版视图，并在左侧列表中单击第 1 张幻灯片（见下图）。

2 单击【文件】按钮

单击【幻灯片母版】选项卡【背景】选项组右下角的【设置背景格式】■按钮，在弹出的【设置背景格式】窗格中选择【填充】区域的【图片或纹理填充】单选按钮，单击【文件】按钮（见右栏图）。

3 插入图片

在弹出的【插入图片】对话框中选择"素材 \ch11\ 蓝天 .jpg"为幻灯片母版的背景（见下图）。

4 绘制 1 个矩形框

单击【插入】选项卡➤【插图】➤【形状】，在幻灯片上绘制 1 个矩形框，并单击【格式】选项卡➤【形状样式】➤【形状填充】➤【渐变】➤【线性对角 - 左上到右下】选项（见下页图）。

5 选择【组合】选项

重复步骤4，再创建一个渐变色矩形，并设置两个矩形的【形状轮廓】为【无轮廓】，然后选中两个矩形，单击鼠标右键，在弹出的快捷菜单中选择【组合】➤【组合】选项（见下图）。

6 添加【劈裂】动画效果

给组合的矩形框添加【劈裂】动画效果，并设置【开始】模式为【与上一动画同时】（见下图）。

7 选择【下移一层】

选择组合后的矩形，单击【格式】➤【排列】➤【下移一层】➤【置于底层】（见下图）。

8 设置字体

将创建的矩形下移一层后，设置标题框内容的【字体】为【华文楷体】、【字号】为【48】。为标题内容应用【淡入】动画效果，将【开始】模式设置为【上一动画之后】（见下图）。

9 保存文件

单击快速访问工具栏中的【保存】按钮 ，将演示文稿保存为"个人电脑销售报告 PPT.pptx"（见下图）。

11.1.2 设计首页和报告摘要幻灯片

设计首页和报告摘要幻灯片的步骤如下。

1 选中【隐藏背景图形】复选框

在【幻灯片母版】视图中，选择左侧的第2张幻灯片，勾选【幻灯片母版】选项卡【背景】选项组中的【隐藏背景图形】复选框（见下图）。

2 设置背景

单击【幻灯片母版】选项卡【背景】选项组右下角的【设置背景格式】按钮，在弹出的【设置背景格式】窗格中为此幻灯片设置背景为"素材 \ch11\ 电脑销售报告首页 .jpg"，如下图所示。

3 添加标题和副标题

单击【关闭母版视图】按钮，切换到普通视图，并在首页添加标题和副标题（见下图）。

4 设置【开始】模式

为标题和副标题添加【淡入】动画效果，设置【开始】模式为【与上一动画同时】（见下图）。

5 新建【仅标题】幻灯片

新建【仅标题】幻灯片，在标题文本框中输入"报告摘要"，并将其居中显示（见下图）。

6 选择圆形和直线按钮

单击【插入】选项卡下【插图】选项组中的【形状】按钮，选择圆形和直线按钮，分别绘制1个圆形和1条直线（见下图）。

7 设置线型

选中直线，然后单击【格式】选项卡，单击的【形状样式】选项组右下角的【设置形状格式】 按钮，在弹出的【设置形状格式】窗格中将直线的轮廓【颜色】设置为【白色】，【宽度】设置为【2磅】，【短划线类型】设置为【方点】（见下图）。

8 填充颜色

将圆形填充为【白色】，在白色圆形和直线上方分别插入1个文本框，并分别输入"1"和"业绩综述"，设置字体和颜色，并将其组合，效果如下图所示。

11.1.3 设计业绩综述幻灯片

设计业绩综述幻灯片的步骤如下。

1 新建幻灯片

新建1张【标题和内容】幻灯片。输入标题"业绩综述"，并将其居中显示（见右栏图）。

9 依次添加文字

按照上面的操作，绘制其他图形，并依次添加文字，最终效果如下图所示。

10 添加【擦除】动画效果

分别给四组组合图形添加【擦除】动画效果，并设置【效果选项】的【方向】为【自左侧】，设置【开始】模式为【上一动画之后】（见下图）。

2 插入图表

单击内容文本框中的【图表】按钮 ，在弹出的【插入图表】对话框中选择【三维簇状柱形图】选项，单击【确定】按钮（见下图）。

3 修改数据

在打开的 Excel 工作簿中修改数据，如下图所示。

4 关闭 Excel 工作簿

关闭 Excel 工作簿，在幻灯片中即可插入相应的图表（见下图）。

5 选择【样式6】选项

选中刚创建的图表，然后单击【图表工具】>【设计】选项卡下【图表样式】选项组中的【其他】按钮，选择【样式6】选项（见下图）。

6 设置图表区格式

双击图表，在弹出的【设置图表区格式】窗格将【填充】设置为【无填充】，将【边框】设置为【无线条】，如下图所示。

7 绘制箭头形状

绘制一个箭头形状，填充为【红色渐变色】（见下页图）。

8 调整各个顶点

在箭头图形上单击鼠标右键，选择【编辑顶点】选项，调整各个顶点，如下图所示。

11.1.4 设计业务分类幻灯片

设计业务分类幻灯片的步骤如下。

1 新建幻灯片

新建1张【仅标题】幻灯片。输入标题"业务分类"，并将其居中显示（见下图）。

2 绘制长方体

单击【插入】▶【插图】▶【形状】，在基本形状中选择长方体图标，绘制1个长方体（见右栏图）。

9 设置图表的动画效果

选择图表，为其添加【擦除】动画效果，设置【效果选项】的【方向】为【自底部】，设置【开始】模式为【与上一动画同时】，设置【持续时间】为【1.5】秒。选择红色箭头，为其应用【擦除】动画效果，设置【效果选项】的【方向】为【自左侧】，设置【开始】模式为【与上一动画同时】，设置【持续时间】为【1.5】秒（见下图）。

3 绘制其他形状

按照上面的方法，分别绘制其他3个长方体形状（见下页图）。

4 添加文字

在立方体的正面和上面添加文字，如下图所示。

5 调整位置组合

使用直线工具，在立方体的左侧绘制直线和带箭头的直线，并调整位置组合为如下图形。

6 插入文本框

在带箭头直线的右侧插入文本框，并输入说明文字（见下图）。

7 组合文字

将各个立方体及文字分别组合，并将左侧的直线和文字组合（见下图）。

8 设置【开始】模式

选择"2016年"立方体组合，为其应用【浮入】动画效果，设置【效果选项】的【方向】为【上浮】，设置【开始】模式为【与上一动画同时】（见下图）。

⑨ 设置【效果选项】

选择其他立方体组合，为其应用【浮入】动画效果，设置【效果选项】的【方向】为【上浮】，设置【开始】模式为【与上一动画同时】，【延迟】时间分别设置为【1.0】秒、【2.0】秒和【3.0】秒（见下图）。

⑩ 应用【擦除】动画效果

选择左侧直线及文字组合图形，为其应用【擦除】动画效果，设置【效果选项】的【方向】为【自底部】，设置【开始】模式为【上一动画之后】，设置【持续时间】为【5.0】秒（见下图）。

11.1.5 设计销售组成和地区销售幻灯片

设计销售组成幻灯片和地区销售幻灯片的具体操作步骤如下。

第1步：设计销售组成幻灯片。

① 新建幻灯片

新建1张【标题和内容】幻灯片。输入标题"销售组成"，并将其居中显示（见下图）。

② 插入图表

单击内容文本框中的【插入图表】按钮，在弹出的【插入图表】对话框中选择【饼图】▶【三维饼图】选项，单击【确定】按钮（见右栏图）。

③ 修改数据

在打开的Excel工作簿中修改数据，如下页图所示。

4 插入相应图表

关闭 Excel 工作簿，幻灯片中即可插入相应的图表（见下图）。

5 选择【样式9】

选择图表，然后单击【设计】➤【图表样式】，选择【样式9】，结果如下图所示。

6 设置数据系列格式

选择饼状图并双击，在弹出的【设置数据系列格式】窗格中【系列选项】下将【饼图分离】设置为【10%】（见右栏图）。

7 添加【缩放】动画效果

选择图表，为其添加【缩放】动画效果，并设置【开始】模式为【上一动画之后】（见下图）。

第2步：设计地区销售幻灯片。

1 新建幻灯片

新建1张【标题和内容】幻灯片。输入标题"各地区销售额"，并将其居中显示（见下图）。

2 插入图表

单击内容文本框中的【插入图表】

按钮 **Ⅰ**，在弹出的【插入图表】对话框中选择【条形图】➤【三维簇状条形图】选项，单击【确定】按钮（见下图）。

3 修改数据

在 Excel 工作簿中修改数据，如下图所示。

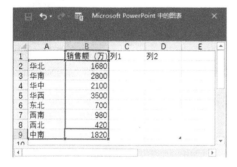

4 关闭 Excel 工作簿

关闭 Excel 工作簿，幻灯片中即可插入相应的图表（见右栏图）。

5 选择【样式6】

选择图表，然后选择【图表工具】➤【设计】选项卡，选择【图表样式】组中的【样式6】选项，结果如下图所示。

6 添加【擦除】动画效果

选择图表，为其添加【擦除】动画效果，并设置【效果选项】的【方向】为【自左侧】，设置【开始】模式为【上一动画之后】，【持续时间】设置为【1.5】秒（见下图）。

11.1.6 设计未来展望和结束页幻灯片

设计未来展望幻灯片和结束页幻灯片的步骤如下。

1 新建幻灯片

新建 1 张【仅标题】幻灯片。输入标题"未来展望"，并将其居中显示（见下页图）。

2 绘制矩形框和箭头

绘制1个圆角矩形框和1个向上的箭头，并设置圆角矩形的【形状填充】为【白色】，并将圆角矩形置于底层（见下图）。

3 设置形状格式

选择向上箭头，单击【格式】选项卡下【形状样式】选项组的右下角箭头，在弹出的【设置形状格式】窗格中对箭头进行如下设置。

4 添加文字

在图形中添加文字，如下图所示。

5 复制矩形框和箭头

选中矩形框和箭头进行复制，复制后对箭头的填充色和文字进行修改，结果如下图所示。

6 添加【擦除】动画效果

选择所有图形，组合为1个图形，为其添加【擦除】动画效果，并设置【效果选项】的【方向】为【自底部】，设置【开始】模式为【上一动画之后】，设置【持续时间】为【2.0】秒（见下图）。

7 输入"谢谢观看"

新建1张【仅标题】幻灯片。输入"谢谢观看"，并将其居中显示（见右栏图）。

8 制作完成

至此，"个人电脑销售报告PPT"制作完成（见下图）。此外还可以为幻灯片的切换应用合适的效果，此处不再赘述。

11.2 制作"服装市场研究报告"演示文稿

本节视频教学时间 / 27 分钟

本节是将服装市场的研究结果以PPT的形式展示出来，以供管理人员观看、商议，并针对当前的市场情况做出决策。

11.2.1 设计幻灯片母版

除了首页和结束页外，其他幻灯片的背景由3种不同颜色的形状和动态的标题框组成。设计幻灯片母版的具体步骤如下。

1 进入母版视图

启动 PowerPoint 2019，进入 PowerPoint 工作界面。单击【视图】选项卡【母版视图】选项组中的【幻灯片母版】按钮，切换到幻灯片母版视图，并在左侧列表中单击第1张幻灯片（见下页图）。

2 绘制矩形框

设置【幻灯片大小】为【宽屏（16:9）】，然后绘制1个矩形框并单击右键，在弹出的快捷菜单中选择【编辑顶点】选项，调整下方的两个顶点，最终效果如下图所示。

3 绘制并调整图形

按照此方法绘制并调整另外两个图形，如下图所示。

4 插入图标

单击【插入】选项卡【图像】选项组中的【图片】按钮，在弹出的【插入图片】对话框中选择"素材 \ch11\ 服装市场研究报告图标.png"，单击【插入】按钮，将"图标"插入到幻灯片中，并调整标题框的大小（见下图）。

5 设置形状格式

选择标题框，单击【格式】选项卡【形状样式】选项组右下角的【设置形状格式】按钮，在弹出的【设置形状格式】窗格中对标题的填充和效果进行设置，如下图所示。

6 设置字体

对标题框进行调整，并设置文字【字体】为【华文隶书】、【字号】为【36】，结果如下页图所示。

7 添加【淡入】动画效果

为图标添加【淡入】动画效果，设置【开始】模式为【与上一动画同时】，为标题框添加【擦除】动画效果，设置【效果选项】的【方向】为【自左侧】，设置【开始】模式为【上一动画之后】，两个动画的【持续时间】都设置为【1】秒（见右栏图）。

8 保存演示文稿

单击快速访问工具栏中的【保存】按钮，将演示文稿保存为"服装市场研究报告 PPT.pptx"（见下图）。

11.2.2 设计首页和报告概述幻灯片

设计首页和报告概述幻灯片的具体步骤如下。

1 隐藏背景图形

在幻灯片母版视图中，在左侧列表中选择第2张幻灯片，选中【幻灯片母版】选项卡的【背景】选项组中的【隐藏背景图形】复选框（见下图）。

2 插入图片

单击【插入】选项卡【图像】选项组中的【图片】按钮，在弹出的【插入图片】对话框中选择"素材 \ch11\ 服装市场研究报告背景 .jpg"，单击【插入】

按钮（见下图）。

3 选择【柔化边缘椭圆】

选中图片，然后单击【格式】选项卡【图片样式】选项组图片样式的▼按钮，在弹出的列表中选择【柔化边缘椭圆】（见下页图）。

215

4 返回普通视图

单击【幻灯片母版】选项卡中的【关闭母版视图按钮】按钮，返回普通视图（见下图）。

5 添加标题文字

添加标题和副标题文字，并设置标题框为【无填充】、【无边框】，【字体颜色】为【白色】（见下图）。

6 新建幻灯片并输入标题

新建1张【标题和内容】幻灯片，并输入标题"报告概述"（见右栏图）。

7 选择【垂直图片重点列表】

单击内容文本框中的【插入SmartArt图形】按钮 ，在弹出的对话框中选择【垂直图片重点列表】（见下图）。

8 插入 SmartArt 图形

单击【确定】按钮，插入SmartArt图形后如下图所示。

9 设置 SmartArt 图形内容

选中文本框和图片进行复制粘贴操作，然后单击图片标识，在弹出的【插入图片】对话框中选择"素材\ch11\T恤.png"，最后在文本框中输入相应的文字并对字体进行相应设置（见下页图）。

10 设置 SmartArt 图形效果

选择 SmartArt 图形，然后单击【设计】选项卡，单击【更改颜色】下拉按钮，在弹出的下拉列表中选择【彩色范围 - 个性色 3 至 4 】。然后单击【SmartArt 样式】选项组的下拉按钮 ，在弹出的下拉列表中选择【砖块场景】（见右栏图）。

11.2.3 设计服装行业背景幻灯片

设计产业链幻灯片、属性特征幻灯片、上下游概况幻灯片等行业背景幻灯片的具体步骤如下。

第 1 步：设计产业链幻灯片。

1 新建 1 张幻灯片

新建 1 张幻灯片，并输入标题"服装行业背景：产业链"（见下图）。

2 添加文字

使用矩形工具绘制 10 个矩形框，按照下图进行组合，并添加文字（见右栏图）。

3 插入 3 个椭圆

插入 3 个椭圆，并添加文字（见下图）。

4 绘制箭头

绘制箭头和产业链的流向图形，如下图所示。

5 插入线性标注

单击【插入】选项卡【插图】选项组中的形状下拉按钮，选择【线性标注2】，并输入文字，结果如下图所示。

6 添加动画效果

从左至右给矩形框和椭圆添加【淡入】动画效果，设置【开始】模式为【上一动画之后】。从左至右为箭头添加【擦除】动画效果，设置【效果选项】的【方向】为【自顶部】，设置【开始】模式为【上一动画之后】。最后给线性标注添加【淡入】动画效果，设置【开始】模式为【上一动画之后】（见右栏图）。

第2步：设计属性特征幻灯片。

1 新建幻灯片

新建1张【标题和内容】幻灯片，并输入标题"服装行业背景：属性特征"（见下图）。

2 选择【基本射线图】

单击内容文本框中的【插入SmartArt图形】按钮，在弹出的【选择SmartArt图形】对话框中选择【循环】列表中的【基本射线图】（见下图）。

3 插入SmartArt图形

单击【确定】按钮，插入SmartArt图形后如下页图所示。

4 添加二级文本框

选中 4 个二级文本框，然后按【Ctrl+C】组合键，在空白处按【Ctrl+V】组合键进行粘贴，添加 4 个二级文本框（见下图）。

5 设置形状格式

重复步骤 4，再复制 2 个二级文本，然后选中中间的一级文本，单击【格式】选项卡【形状样式】选项组右下角的【设置形状格式】按钮，在弹出的【设置形状格式】窗格将文本框的【高度】和【宽度】都设置为【3.5 厘米】（见下图）。

6 输入相应文字

在文本框中输入相应的文字，如右栏图所示。

7 添加【缩放】动画效果

选中 SmartArt 图形，并添加【缩放】动画效果，设置【效果选项】的【消失点】为【对象中心】、【序列】为【逐个级别】，设置【开始】模式为【上一动画之后】，【持续时间】为【1】秒（见下图）。

8 更改颜色和样式

单击【设计】选项卡，在【SmartArt样式】选项组中将颜色更改为【彩色 - 个性色】，将样式更改为【砖块场景】（见下图）。

9 查看更改效果

SmartArt 图形的颜色和样式更改后如下图所示。

第3步：设计上下游概况幻灯片。

1 新建幻灯片

新建1张【标题和内容】幻灯片，输入标题"服装行业背景：上下游概况"（见下图）。

2 选择 SmartArt 图形

单击内容文本框中的【插入 SmartArt 图形】按钮，在弹出的【选择 SmartArt 图形】对话框中选择【列表】中的【垂直 V 形列表】（见下图）。

3 插入 SmartArt 图形

插入 SmartArt 图形后输入相应的文字，如下图所示。

4 添加【擦除】动画效果

选中 SmartArt 图形，并添加【擦除】动画效果，设置【效果选项】的【方向】为【自顶部】、【序列】为【逐个】，设置【开始】模式为【上一动画之后】，【持续时间】为【1】秒（见下图）。

5 更改颜色

单击【设计】选项卡，在【SmartArt 样式】选项组中将颜色更改为【彩色范围-个性色5至6】（见下图）。

11.2.4 设计市场总量分析幻灯片

设计市场总量分析幻灯片的具体操作步骤如下。

◼1 新建幻灯片并输入标题

新建 1 张【标题和内容】幻灯片，并输入标题"市场总量分析"（见下图）。

◼2 插入图表

单击内容文本框中的【插图图表】按钮🔣，在弹出的【插入图表】对话框中选择【三维簇状柱形图】选项，单击【确定】按钮（见下图）。

◼3 修改数据

在打开的 Excel 工作簿中修改数据，如右栏图所示。

◼4 关闭 Excel 工作簿

关闭 Excel 工作簿，幻灯片中即可插入相应的图表，并输入图表标题"商品销售额（亿元）"（见下图）。

◼5 添加【浮入】动画效果

选中图表，并添加【浮入】动画效果，设置【效果选项】的【方向】为【上浮】、【序列】为【按系列】，设置【开始】模式为【上一动画之后】，【持续时间】为【1】秒（见下图）。

11.2.5 设计竞争力分析和结束页幻灯片

设计竞争力分析幻灯片和结束页幻灯片的具体操作步骤如下。

1 新建幻灯片并输入标题

新建1张【标题和内容】幻灯片，输入标题"国际竞争力"（见下图）。

2 选择【垂直重点列表】

单击内容文本框中的【插入SmartArt图形】按钮🖳，在弹出的【选择SmartArt图形】对话框中选择【列表】▶【垂直重点列表】，单击【确定】按钮（见下图）。

3 输入相应文字

插入SmartArt图形后输入相应的文字，如下图所示。

4 添加【随机线条】动画效果

选中SmartArt图形，并添加【随机线条】动画效果，设置【效果选项】的【方向】为【水平】、【序列】为【逐个】，设置【开始】模式为【上一动画之后】，【持续时间】为【2】秒（见下图）。

5 更改颜色

单击【设计】选项卡，在【SmartArt样式】选项组中将颜色更改为【彩色—个性色】（见下图）。

6 创建完成

竞争力幻灯片创建完成后如下页图所示。

7 新建 1 张【标题幻灯片】

新建 1 张【标题幻灯片】，如下图所示。

8 插入文本框并设置文本内容

在标题文本框中输入"谢谢观看！"设置【字体颜色】为【红色】，调整文本框的位置和大小，删除副标题文本框（见下图）。

9 应用【轮子】动画效果

为标题应用【轮子】动画效果，设置【效果选项】的【轮辐图案】为【轮辐图案（2）】、【序列】为【作为一个对象】，设置【开始】模式为【上一动画之后】，【持续时间】为【2】秒（见下图）。

10 浏览效果图

至此，"服装市场研究报告"演示文稿设计完成，按【F5】键进行浏览和观看（见下图）。

11.3 制作销售计划类型演示文稿

本节视频教学时间 / 26 分钟

销售计划可以从不同的层面分为不同的类型，如果从时间长短来分，可以分为周销售计划、月度销售计划、季度销售计划、年度销售计划等；如果从范围大小来分，可以分为企业总体销售计划、分公司销售计划、个人销售计划等。本节用PowerPoint 2019 制作一份销售部门的周销售计划演示文稿。

11.3.1 设计幻灯片母版

设计幻灯片母版的具体操作步骤如下。

1 进入母版视图

启动 PowerPoint 2019，新建幻灯片，并将其保存为"销售计划 PPT.pptx"。单击【视图】选项卡【母版视图】选项组中的【幻灯片母版】按钮（见下图）。

2 插入图片

切换到幻灯片母版视图，并在左侧列表中单击第 1 张幻灯片，单击【插入】选项卡下【图像】选项组中的【图片】按钮（见下图）。

3 调整图片大小及位置

在弹出的【插入图片】对话框中选择"素材\ch11\图片 7.jpg"，单击【插入】按钮，将选择的图片插入幻灯片中。选择插入的图片，并根据需要调整图片的大小及位置（见下图）。

4 选择【置于底层】选项

在插入的背景图片上单击鼠标右键，在弹出的快捷菜单中选择【置于底层】▶【置于底层】选项，将背景图片在底层显示（见下图）。

5 选择艺术字样式

选择标题框内文本，单击【格式】选项卡下【艺术字样式】选项组中的【快速样式】按钮，在弹出的下拉列表中选择一种艺术字样式（见下图）。

6 设置字体

选择插入的艺术字，设置文字【字体】为【方正楷体简体】、【字号】为【60】，设置【文本对齐】为【左对齐】。此外，还可以根据需要调整文本框的位置（见下页图）。

7 应用【擦除】动画效果

为标题框应用【擦除】动画效果，设置【效果选项】的【方向】为【自左侧】，设置【开始】模式为【上一动画之后】（见下图）。

8 删除文本框

在幻灯片母版视图中，在左侧列表中选择第2张幻灯片，选中【幻灯片母版】选项卡下【背景】选项组中的【隐藏背景图形】复选框，并删除文本框（见下图）。

9 单击【插入】按钮

单击【插入】选项卡下【图像】选项组中的【图片】按钮，在弹出的【插入图片】对话框中选择"素材 \ch11\ 图片 8.png"和"素材 \ch11\ 图片 9.jpg"，单击【插入】按钮，将图片插入幻灯片中。将"图片 8.png"图片放置在"图片 9.jpg"文件上方，并调整图片位置（见下图）。

10 选择【组合】选项

同时选中插入的两张图片并单击鼠标右键，在弹出的快捷菜单中选择【组合】▶【组合】选项，组合图片并将其置于底层（见下图）。

11.3.2 新增母版样式

新增幻灯片母版样式的具体操作步骤如下。

1 添加新的母版版式

在幻灯片母版视图中，在左侧列表中选择第 2 张幻灯片，单击【幻灯片母版】选项卡下【编辑母版】选项组中的【插入幻灯片母版】按钮，添加新的母版版式（见下页图）。

3 调整图片

选择"图片 8.png"，单击【格式】选项卡下【排列】选项组中的【旋转】按钮，在弹出的下拉列表中选择【水平翻转】选项。调整图片的位置，组合图片并将其置于底层（见下图）。

2 插入图片

在新建母版中选择第 2 张幻灯片，并删除其中的文本框，插入"素材 \ch11\图片 8.png" 和 " 素材 \ch11\ 图片 9.jpg"，并将 "图片 8.png"图片放置在 "图片 9.jpg"文件上方（见右栏图）。

11.3.3 设计销售计划首页幻灯片

设计销售计划首页幻灯片页面的具体操作步骤如下。

1 选择艺术字样式

单击【幻灯片母版】选项卡中的【关闭母版视图按钮】按钮，返回普通视图，删除幻灯片页面中的文本框，单击【插入】选项卡下【文本】选项组中的【艺术字】按钮，在弹出的下拉列表中选择一种艺术字样式（见下图）。

2 调整文本框内容

输入 "黄金周销售计划"文本，设置其【字体】为【华文彩云】、【字号】为【80】，并根据需要调整艺术字文本框的位置（见下图）。

3 添加艺术字并设置样式

重复上面的操作步骤，添加新的艺术字文本框，输入"市场部"文本，并根据需要设置艺术字样式及文本框位置（见右栏图）。

11.3.4 设计计划背景部分幻灯片

设计计划背景部分幻灯片的具体操作步骤如下。

1 绘制竖排文本框

新建【标题幻灯片】页面，并绘制竖排文本框，输入下图所示的文本，并设置【字体颜色】为【白色】（见下图）。

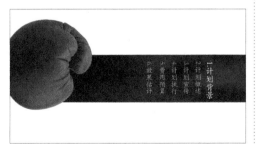

2 设置文本样式

选择"1.计划背景"文本，设置其【字体】为【方正楷体简体】，【字号】为【32】，【字体颜色】为【白色】；选择其他文本，设置【字体】为【方正楷体简体】，【字号】为【28】，【字体颜色】为【黄色】。同时，设置所有文本的【行距】为【双倍行距】（见下图）。

3 输入"计划背景"

新建【仅标题】幻灯片页面，在【标题】文本框中输入"计划背景"（见下图）。

4 设置"计划背景"幻灯片中内容

打开"素材 \ch11\ 计划背景 .txt"，将其内容粘贴至文本框中，并设置字体。在需要插入符号的位置单击【插入】选项卡下【符号】选项组中的【符号】按钮，在弹出的对话框中选择要插入的符号（见下图）。

11.3.5 设计计划概述部分幻灯片

设计计划概述部分幻灯片页面的具体操作步骤如下。

1 复制幻灯片

复制第 2 张幻灯片并将其粘贴至第 3 张幻灯片下（见下图）。

2 更改字体样式

更改"1. 计划背景"文本的【字号】为【24】，【字体颜色】为【浅绿】。更改"2. 计划概述"文本的【字号】为【30】，【字体颜色】为【白色】。其他文本样式不变（见右栏图）。

3 设置"计划概述"幻灯片中的内容

新建【仅标题】幻灯片，在【标题】文本框中输入"计划概述"文本，打开"素材 \ch11\ 计划概述 .txt"，将其内容粘贴至文本框中，并根据需要设置字体样式（见下图）。

11.3.6 设计计划宣传部分幻灯片

设计计划宣传部分幻灯片页面的具体操作步骤如下。

1 设置字体样式

重复 11.3.5 小节中步骤 **1** ~ **2** 的操作，复制幻灯片页面并设置字体样式（见下图）。

2 绘制箭头和圆点形状

新建【仅标题】幻灯片页面，并输入标题"计划宣传"，单击【插入】选项卡下【插图】选项组中的【形状】按钮，在弹出的下拉列表中选择【线条】组下的【箭头】按钮，绘制箭头图形。在【格式】选项卡下单击【形状样式】选项组中的【形状轮廓】按钮，选择【虚线】▶【圆点】选项（见下页图）。

3 绘制其他线条

使用同样的方法绘制其他线条，以及绘制文本框标记时间和其他内容（见下图）。

5 设置"计划宣传"幻灯片页面

新建【仅标题】幻灯片页面，并输入标题"计划宣传"，单击【插入】选项卡下【插图】选项组中的【SmartArt】按钮，在打开的【选择 SmartArt 图形】对话框中选择【循环】➤【射线循环】选项，单击【确定】按钮，完成图形插入。根据需要输入相关内容及说明文本（见下图）。

4 输入相关内容

根据需求绘制咨询图形，然后根据需要美化图形，并输入相关内容。重复操作直至完成安排（见右栏图）。

11.3.7 设计其他部分幻灯片

设计其他部分幻灯片的具体操作步骤如下。

1 制作计划执行部分

使用类似的方法制作计划执行部分幻灯片，效果如下图和右栏图所示。

② 制作费用预算部分

使用类似的方法制作费用预算部分幻灯片，效果如下图所示。

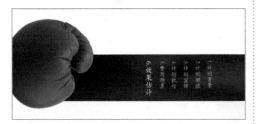

③ 制作效果估计部分

重复 11.3.5 小节中步骤①~②的操作，制作效果估计部分目录幻灯片（见下图）。

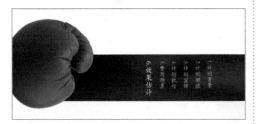

④ 输入柱形图数据

新建【仅标题】幻灯片页面，并输入标题"效果估计"文本。单击【插入】选项卡下【插图】选项组中的【图表】按钮，在打开的【插入图表】对话框中选择【柱形图】➤【簇状柱形图】选项，

单击【确定】按钮，在打开的 Excel 界面中输入下图所示的数据。

⑤ 关闭 Excel 窗口

关闭 Excel 窗口，即可看到插入的图表。对图表进行适当美化，效果如下图所示。

⑥ 设置最后一张幻灯片页面

单击【开始】选项卡下【幻灯片】选项组中的【新建幻灯片】按钮，在弹出的下拉列表中选择【Office 主题】组下的【标题幻灯片】选项，绘制文本框，并输入"努力完成销售计划！"文本。根据需要设置字体样式（见下图）。

11.3.8 添加切换和动画效果

添加切换和动画效果的具体操作步骤如下。

1 选择【帘式】切换效果

选择要设置切换效果的幻灯片，这里选择第1张幻灯片。单击【切换】选项卡下【切换到此幻灯片】选项组中的【其他】按钮，在弹出的下拉列表中选择【华丽】区域的【帘式】切换效果，即可自动预览该效果。

2 设置不同的切换效果

在【切换】选项卡下【计时】选项组的【持续时间】微调框中设置【持续时间】为【03.00】秒。使用同样的方法，为其他幻灯片页面设置不同的切换效果（见下图）。

3 选择【浮入】选项

选择第1张幻灯片中的标题文本框。单击【动画】选项卡【动画】选项组中的【其他】按钮，在弹出的下拉列表的【进入】区域中选择【浮入】选项，创建此进入动画效果（见右栏图）。

4 选择【下浮】选项

添加动画效果后，单击【动画】选项组中的【效果选项】按钮，在弹出的下拉列表中【方向】组选择【下浮】选项（见下图）。

5 设置【持续时间】

在【动画】选项卡的【计时】选项组中设置【开始】为【上一动画之后】，设置【持续时间】为【01.50】秒（见下图）。

231

6 效果图

使用同样的方法为其他幻灯片页面中的内容设置不同的动画效果。最终制作完成的销售计划演示文稿如右栏图所示。

至此，就完成了产品销售计划 PPT 的制作。

11.4 制作"食品营养报告"演示文稿

本节视频教学时间 / 38 分钟

食品的营养取决于食品中营养素的含量。本演示文稿中通过图形、文字、表格及图表，直观、形象地展示了食品营养的相关知识。

11.4.1 设计幻灯片母版

除了首页和结束页幻灯片，其他幻灯片均使用含有食品图片的标题框和渐变色背景，可在母版中进行统一设计。

1 进入母版视图

启动 PowerPoint 2019，进入 PowerPoint 工作界面。单击【视图】选项卡下【母版视图】选项组中的【幻灯片母版】按钮，切换到幻灯片母版视图，并在左侧列表中选择第 1 张幻灯片（见下图）。

2 选择【黄橙色】选项

单击【幻灯片母版】选项卡【背景】选项组中的【颜色】按钮，在弹出的下拉列表中选择【黄橙色】选项（见下图）。

3 设置背景格式

单击【幻灯片母版】选项卡【背景】选项组中的【设置背景格式】 按钮，弹出【设置背景格式】窗格，设置【填充】为【渐变填充】样式，设置【类型】为【射线】，【方向】为【从中心】（见下图）。

4 应用样式

单击窗格中的【关闭】按钮，母版中所有的幻灯片即可应用此样式（见下图）。

5 设置文本框

绘制一个矩形框，宽度和幻灯片的宽度一致，并设置【形状填充】的【主题颜色】为【褐色，个性色2，淡色80%】，设置【形状轮廓】为【无轮廓】。

然后调整标题文本框的大小和位置，并设置文本框内文字的【字体】为【微软雅黑】、【字号】为【32】，如下图所示。

6 插入图片

单击【插入】选项卡【图像】选项组中的【图片】按钮，在弹出的【插入图片】对话框中打开"素材\ch11"文件夹，选择"图片1.png""图片2.png"和"图片3.png"，单击【插入】按钮，将图片插入到母版中（见下图）。

7 调整图片位置

调整图片的位置，按下图所示进行排列。

8 保存文件

单击【关闭母版视图】按钮，再单击快速工具栏中的【保存】按钮，弹出【另存为】对话框，选择要保存演示文稿的位置，在【文件名】文本框中输入"食品营养报告PPT.pptx"，并单击【保存】按钮（见右栏图）。

11.4.2 设计首页效果

设计首页幻灯片的具体操作步骤如下。

1 隐藏母版中的背景图形

单击【视图】选项卡【母版视图】选项组中的【幻灯片母版】按钮，切换到母版视图。在左侧列表中选择第2张幻灯片，选中【背景】选项组中的【隐藏背景图形】复选框，以隐藏母版中添加的图形（见下图）。

2 单击【文件】按钮

在右侧的幻灯片上单击鼠标右键，在弹出的快捷菜单中选择【设置背景格式】窗格，在弹出窗格的【填充】区域中选中【图片或纹理填充】单选项，并单击【文件】按钮（见右栏图）。

3 插入图片

在弹出的【插入图片】对话框中选择"素材\ch11\营养报告背景.jpg"文件，单击【插入】按钮（见下图）。

4 设置背景格式

单击【设置背景格式】窗格中的【关闭】按钮，插入的图片就会作为幻灯片的背景（见下页图）。

5 再次插入图片

单击【插入】选项卡【图像】选项组中的【图片】按钮，再次插入"素材\ch11\营养报告背景.jpg"文件（见下图）。

6 裁剪图片

选择插入的图片，选择【图片工具】>【格式】选项卡，单击【大小】选项组中的【裁剪】按钮，裁剪图片如下图所示。

7 设置图片格式

选择裁剪后的图片，选择【图片工具】>【格式】选项卡，单击【调整】选项组中的【艺术效果】按钮，在弹出的列表中选择【艺术效果选项】选项，在弹出的窗格中设置【艺术效果】为【虚化】，设置【半径】为【36】，单击【关闭】按钮（见下图）。

8 返回普通视图

单击【幻灯片母版】选项卡中的【关闭母版视图】按钮，返回普通视图，设置的首页如下图所示。

9 最终效果图

在幻灯片上输入标题"食品与营养"和副标题"——中国食品营养调查报告"，并设置字体、颜色、字号和艺术字样式，最终效果如下图所示。

11.4.3 设计食品分类幻灯片

设计食品分类页幻灯片的具体操作步骤如下。

第1步：绘制图形。

1 新建幻灯片并输入标题

新建1张幻灯片，在标题文本框中输入"食品来源分类"，并删除下方的内容文本框（见下图）。

2 绘制椭圆

在幻灯片上使用形状工具绘制1个椭圆，并应用【形状样式】选项组中的【细微效果 - 橙色，强调颜色6】样式（见下图）。

3 设置椭圆

在椭圆的上方再绘制一个椭圆，应用【形状样式】区域中的橙色样式，再设置椭圆的三维格式，参数如右栏图所示。

4 查看效果

设置完成后最终效果如下图所示。

5 绘制左方向箭头

使用形状工具绘制1个左方向箭头，并填充为红色渐变色，如下图所示。

6 删除右下角黑点

选择箭头并单击鼠标右键，在弹出的快捷菜单中选择【编辑顶点】选项，箭头周围会出现 7 个小黑点，选择右下角的黑点并右键单击，在弹出的快捷菜单中选择【删除顶点】选项删除右下角的黑点（见下图）。

7 调整箭头

调整箭头处和尾部的顶点，调整为如下图形。

8 绘制下方向箭头

按照上面的操作步骤，绘制下方向箭头和右方向箭头（见下图）。

9 插入图片并调整位置和大小

单击【插入】选项卡【图像】选项组中的【图片】按钮，插入"素材 \ch11"文件夹中的"图片4.jpg""图片5.

jpg"和"图片6.jpg"，调整大小并排列为如下形式。

10 绘制 3 个圆角矩形并编辑文字

绘制 3 个圆角矩形，并设置【形状填充】为【白色】、【形状轮廓】为【浅绿】，然后在形状上单击鼠标右键，选择【编辑文字】选项，输入相应的文字，如下图所示。

第 2 步：添加动画。

1 组合图形

按住【Ctrl】键选择【食品分类】的两个椭圆形状并单击鼠标右键，在弹出的快捷菜单中选择【组合】➤【组合】选项，将图形组合在一起（见下图）。

2 重复操作

使用同样的方法，将3个箭头组合在一起，将3张图片和3个圆角矩形组合在一起，如下图所示。

3 选择【与上一动画同时】选项

选择【食品分类】组合，单击【动画】选项卡【动画】选项组中的【动画样式】按钮，在下拉列表中选择【淡入】选项，并在【计时】选项组的【开始】下拉列表中选择【与上一动画同时】选项（见下图）。

4 选择【上一动画之后】选项

选择箭头组合图形，在【动画样式】下拉列表中选择【擦除】效果，单击【效果选项】按钮，选择【方向】组的【自顶部】选项，并在【计时】选项组的【开始】下拉列表中选择【上一动画之后】选项（见下图）。

5 最终效果图

选择下方的组合，应用【擦除】动画效果，设置方法和箭头动画一致，最终效果如下图所示。

11.4.4 设计文字描述幻灯片

设计"食物营养价值的评定"和"评价食物营养价值指标"幻灯片的具体操作步骤如下。

1 新建幻灯片并输入标题

新建1张幻灯片，在标题文本框中输入"食物营养价值的评定"（见右栏图）。

2 输入文本内容

在内容文本框中输入以下文字（见下图）。

3 设置字体

设置【字体】为【微软雅黑】、【字号】为【52】，并设置"种类"文本【字体颜色】为【红色】、"含量"文本【字体颜色】为【蓝色】，并设置为【加粗】样式（见下图）。

4 设置动画效果

为"种类+含量"应用【劈裂】动画效果，设置【效果选项】的【方向】为【中央向左右展开】，设置【开始】模式为【与上一动画同时】。为"越接近人体所需"应用【淡出】动画效果，设置【开始】模式为【上一动画之后】。为"营养价值越高"应用【缩放】动画效果，设置【效果选项】的【消失点】为【对象中心】，设置【开始】模式为【上一动画之后】（见右栏图）。

5 选择【跷跷板】选项

选中"营养价值越高"，单击【动画】选项卡【高级动画】选项组中的【添加动画】按钮，在下拉列表中选择【强调】区域的【跷跷板】选项，并设置【开始】模式为【上一动画之后】（见下图）。

6 新建幻灯片并输入标题

新建1张幻灯片，并在标题文本框中输入"评价食品营养价值指标"（见下图）。

7 设置字体

在内容文本框中输入以下内容，并设置"食物营养质量指数"【字体】为【微软雅黑】，【字号】为【36】，【颜色】

为【红色】（见下图）。

8 添加两个文本框

添加两个文本框和一条直线，并输入以下内容（见下图）。

11.4.5 设计表格和图文幻灯片

设计食物种营养素含量表格和图文描述幻灯片的步骤如下。

1 新建幻灯片并输入标题

新建1张【仅标题】幻灯片，并在标题文本框中输入"几种食物中营养素的INQ值"（见下图）。

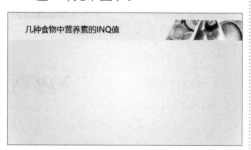

2 插入表格并输入内容

单击【插入】选项卡【表格】选项组中的【表格】按钮，在下拉列表中选择【插入表格】选项。在弹出的对话框中输入【列数】为【6】，【行数】为【8】，

9 设置动画效果

为"食物营养质量指标"和"="应用【淡出】动画效果，为横线和上下的文本框应用【擦除】动画效果，并设置【效果选项】的【方向】为【自左侧】，设置所有动画的【开始】模式为【上一动画之后】（见下图）。

单击【确定】按钮，插入表格，并在表格中输入内容（见下图）。

几种食物中营养素的INQ值

	热能(kJ)	蛋白质(g)	视黄醇(μg)	核黄素(mg)	抗坏血酸(mg)
皮羊男子极佳方算物的营养素供给标准	10042	75	800	1.4	1.4
100g鸡蛋	655	12.8	194	0.13	0.32
INQ		2.62	1.71	1.43	3.51
100g大米	1456	8	—	0.22	0.05
INQ		0.74	—	1.08	0.25
100g大豆	1502	35.1	37	0.41	0.2
INQ		3.13	0.31	1.96	0.96

3 美化表格

选择表格，选择【表格工具】➤【设计】选项卡，应用一种【表格样式】选项组中的样式，对表格进行美化。然后选择第3、5和7行，并填充底纹为【褐色，着色3，淡色40%】（见下页图）。

4 绘制椭圆

使用形状工具绘制 1 个椭圆，并设置【形状轮廓】为【红色】，设置【形状填充】为【无填充颜色】。使用椭圆标注出表格中食物营养素含量比较高的数值（见下图）。

5 新建幻灯片并设置标题

新建一张幻灯片，输入标题"水果的营养价值——香蕉"和内容，并设置【字体】为【微软雅黑】，设置标题的【字号】为【32】、内容的【字号】为【20】，如下图所示。

6 搜索要插入的图片

单击【插入】选项卡【图像】选项

组中的【联机图片】按钮，在弹出的搜索框中输入"香蕉"，单击搜索按钮，然后选择要插入的图片，如下图所示。

> **提示**
>
> 在使用联机搜索图片时，需要计算机连接到互联网。

7 插入图片

单击【插入】按钮，即可将图片插入到幻灯片中。调整图片的位置和大小，效果如下图所示。

8 删除图片背景

选中图片，然后单击【格式】选项卡下的【调整】选项组的【删除背景】选项，PowerPoint 自动添加一个【背景消除】选项卡，系统自动将空白区域选中，并以紫色显示，单击【背景消除】选项卡【关闭】选项组中的【保留更改】按钮（见下页图）。

9 效果图

此时，即可将多余的空白背景删除，结果如下图所示。

11.4.6 设计图表和结束页幻灯片

设计图表幻灯片和结束页幻灯片的步骤如下。

1 新建幻灯片并输入标题

新建1张【标题和内容】幻灯片，并输入标题"白领吃水果习惯调查"（见下图）。

2 插入图表

单击内容文本框中的图表按钮，在弹出的【插入图表】对话框中选择【饼图】▶【三维饼图】选项，单击【确定】按钮（见右栏图）。

10 重复操作

新建1张幻灯片，输入标题和内容，并按照第6张幻灯片设置字体和字号。然后重复6~9步插入1张"葡萄"图片，调整大小和位置，如下图所示。

3 修改数据

在打开的 Excel 工作簿中修改数据如下页图所示。

4 关闭 Excel 工作簿

保存并关闭 Excel 工作簿，即可在幻灯片中插入图表，并修改图表如下图所示。

5 选择【样式9】

选择图表，然后单击【设计】➤【图表样式】，选择【样式9】，结果如下图所示。

6 设置数据系列格式

选择 57% 的饼状图并双击，在弹出的【设置数据点格式】窗格中的【系列选项】下，将【点分离】设置为【5%】。然后再选择其他两个饼状图并双击，将【点分离】设置为【15%】，如右栏图所示。

7 饼图创建完成

饼图创建完成后结果如下图所示。

8 新建 1 幻灯片

参照步骤1~步骤6，新建1张幻灯片，如下图所示。

9 设置动画效果

为第8张幻灯片中的图表应用【轮子】动画效果，为第9张幻灯片中的图表应用【形状】动画效果，均设置【开始】模式为【与上一动画同时】（见下图）。

10 新建幻灯片并设置内容

新建 1 张【标题幻灯片】，并输入"谢谢观看！"，设置一种艺术字格式，并应用【淡出】动画效果，制作完成的"食品营养报告"演示文稿效果如下图所示。

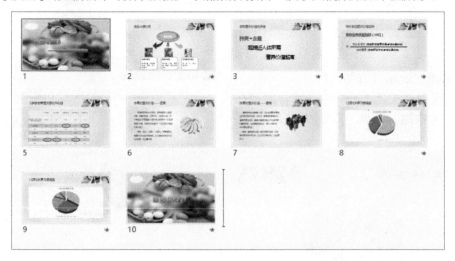

第 12 章

吸引别人的眼球——展示型演示文稿

本章视频教学时间 / 1 小时 32 分钟

🎧 重点导读

演示文稿是传达信息的载体，同时也是展示个性的平台。在演示文稿中，你的创意可以通过内容或图示来展示，你的心情可以通过配色来表达。尽情发挥你的创意，你也可以做出令人惊叹的绚丽演示文稿。

📖 学习效果图

12.1 制作"个人简历"演示文稿

本节视频教学时间 / 36 分钟

一份独特的个人简历能够快速吸引招聘人员的注意，使之加深对应聘者的好感和印象。本节就来制作一份独具创意的"个人简历"演示文稿。

12.1.1 设计简历模板和母版

本演示文稿采用修改后的 PowerPoint 2019 主题，并使用黑色渐变色作为背景，以衬托和突出显示幻灯片中的内容。母版的设计步骤如下。

1 选择【石板】选项

启动 PowerPoint 2019，进入 PowerPoint 工作界面，单击【设计】选项卡【主题】选项组中的【其他】按钮，在弹出的下拉菜单中选择【石板】选项（见下图）。

2 选择【灰度】选项

单击【设计】选项卡【变体】选项组中的【其他】按钮，在弹出的下拉菜单中选择【颜色】▶【灰度】选项（见右栏图）。

3 选择【自定义字体】选项并设置字体

单击【设计】选项卡【变体】选项组中的【其他】按钮，在弹出的下拉菜单中选择【字体】▶【自定义字体】选项，在弹出的【新建主题字体】对话框中将西文字体都设置为【Times New Roman】格式，将中文字体都设置为【宋体】（见下图）。

4 设置背景格式

单击【设计】选项卡【自定义】选项组中的【设置背景格式】按钮，在弹出的【设置背景格式】窗格选择【渐变填充】，并单击【预设渐变】下拉按钮，在弹出的下拉列表中选择【径向渐变 - 个性色6】（见下图）。

6 保存演示文稿

单击快速工具栏中的【保存】按钮，在弹出的【另存为】对话框中选择要保存演示文稿的位置，并在【文件名】文本框中输入"个人简历"，单击【保存】按钮（见下图）。

5 查看效果

设置完成后如右栏图所示。

12.1.2 设计首页效果

将个人简历制作成演示文稿形式，目的就是为了不和其他简历雷同，所以首页更要体现出独特的创意和特色。设计首页效果的具体操作步骤如下。

第1步：添加图片和艺术字。

1 删除标题框

删除首页幻灯片的标题框（见下图）。

2 选择要插入的图片

单击【插入】选项卡【图像】选项组中的【图片】按钮，在弹出的【插入图片】对话框中打开"素材 \ch12"文件夹，按住【Ctrl】键选择"扫描仪 .gif""条形码 .jpg""显示器 .png"和"照片 .jpg"（见下页图）。

3 插入图片

单击【插入】按钮即可将图片插入到幻灯片中（见下图）。

4 调整图的大小和位置

按照下图所示调整各个图片的大小和位置，选择"照片"和"扫描仪"并单击鼠标右键，在弹出的快捷菜单中选择【置于顶层】➤【置于顶层】，将"照片"和"扫描仪"图片移至最上层（见下图）。

5 选择"条形码"图片

选择"条形码"图片，将鼠标指针移至上方的绿色小圆点处，单击并拖动，逆时针方向旋转"条形码"图片，如下图所示。

6 插入文本框

插入一个横排文本框，输入"特别推荐"，设置字体和边框的样式，如下图所示。

7 设置字体

再添加一个横排文本框，输入个人的资料及联系方式，并设置【字体】为【华文楷体】、【字体颜色】为【白色】，并将其移至"显示器"图片的上方（见下图）。

第2步: 添加动画。

1 添加【出现】动画效果

选择"特别推荐"文本框,给其添加【出现】动画效果,并设置【开始】方式为【与上一动画同时】,【延迟】时间为【0.5】秒(见下图)。

2 选择【其他动作路径】选项

选择"扫描仪"图片,单击【动画】选项卡下【动画】选项组中的【其他】按钮▼,在弹出的下拉列表中选择【其他动作路径】选项(见下图)。

3 选择【直线和曲线】类别

在弹出的【更多动作路径】对话框中选择【直线和曲线】类别中的【向左】(见右栏图)。

4 添加动作路径

添加动作路径后会出现一条路径线,单击并拖动红色端处的小圆点到合适的位置,如下图所示。

5 设置持续时间

单击【动画】选项卡下【动画】选项组中的【效果选项】下拉列表,在弹出的下拉列表【路径】组中选择【反转路径方向】,设置动画【开始】方式为【与上一动画同时】,并设置【持续时间】为【2】秒(见下图)。

6 设置【擦除】动画效果

选择照片，添加【擦除】动画效果，单击【效果选项】按钮，在下拉列表【方向】中选择【自顶部】选项，并设置【开始】形式为【上一动画之后】，【持续时间】设置为【1】秒（见下图）。

7 添加【随机线条】动画效果

选择个人资料文本框，添加【随机线条】动画效果。单击【效果选项】按钮，在下拉列表【序列】中选择【按段落】选项，并设置【开始】形式为【上一动画之后】，【持续时间】为【0.5】秒（见右栏图）。

12.1.3 设计工作经历幻灯片

对工作经历可以使用流程图形的形式直观展示出来，使阅读者一目了然。设计工作经历幻灯片的具体操作步骤如下。

1 新建幻灯片并输入标题

新建1张【仅标题】幻灯片，并输入标题"我的工作经历"（见下图）。

8 查看效果

至此，首页图片及动画设计完毕，效果如下图所示。

2 设置形状格式

使用形状工具绘制1个矩形，然后选中绘制的矩形，单击右键，在弹出的快捷菜单中选择【设置形状格式】，设置渐变填充样式为【渐变色填充】，并选择合适的颜色，然后再根据下页图所示设置【三维格式】和【三维旋转】样式。

3 调整形状大小和位置

重复步骤 2，再绘制 3 个矩形，并调整 4 个形状的大小和位置，如下图所示。

4 旋转文本框

在形状的上方添加文本框，分别输入 "2008" "2008~2011" "2011~2015" 和 "2015~ 今"，并旋转文本框，使其与形状的方向一致，如下图所示。

5 设置线型和宽度

在形状之间绘制直线，并设置线条的【宽度】为【3磅】，【短划线类型】为【圆点】样式（见下图）。

6 添加直线

添加直线后如下页图所示。

7 添加文本框

在4个形状的下方分别添加4个文

本框，输入工作经历的说明文字，如下图所示。

12.1.4 设计擅长领域幻灯片

本幻灯片通过图形突出显示出所擅长的领域。具体操作步骤如下。

1 新建幻灯片并输入标题

新建1张【仅标题】幻灯片，并输入标题"我的擅长领域"（见下图）。

2 绘制7个小圆形

绘制7个小圆形，并设置各个圆形的填充颜色、大小及位置等（见下图）。

3 设置线条颜色

在圆形之间绘制弧形线，设置【线

条颜色】为【白色】、【线型宽度】为【2磅】，设置线的末端为箭头形状（见下图）。

4 选择【编辑文字】选项

分别在3个大圆形上单击鼠标右键，选择【编辑文字】选项，分别输入"IT专业技能""设计"和"管理"等文字（见下图）。

⑤ 选择形状

单击【插入】选项卡【插图】选项组中的【形状】按钮，在下拉列表中选择【标注】区域中的【标注: 弯曲线型（带强调线）】选项（见下图），并在幻灯片中绘制形状。

⑥ 输入描述文字

设置标注图形的【形状填充】为【无填充颜色】，设置【形状轮廓】颜色为【白色】，并输入描述文字（见下图）。

12.1.5 设计我的爱好幻灯片

我的爱好幻灯片通过不同颜色的形状及图片来展示。设计我的爱好幻灯片页面的具体操作步骤如下。

① 新建幻灯片并输入标题

新建1张【仅标题】幻灯片，并输入标题"我的爱好"（见下图）。

② 设置渐变填充

使用形状工具绘制一个圆角矩形框，并设置渐变填充，如右栏图所示。

③ 设置【形状填充】

再绘制一个圆角矩形，设置【形状填充】为【橙色】，并在【形状效果】下拉列表中选择【预设】区域中的【预设2】选项（见下页图）。

4 设置样式

按照上面的操作，绘制另外两个圆角矩形，分别填充为【红色】和【绿色】，并设置样式（见下图）。

5 绘制 1 个椭圆

在左侧的圆角矩形上方绘制 1 个椭圆，并在【形状效果】下拉列表中选择【预设】区域中的第 3 个样式，效果如下图所示。

6 复制图形

选择上一步绘制的椭圆，按【Ctrl+C】

组合键复制，并按【Ctrl+V】组合键粘贴两次，并移动位置至另两个圆角矩形上方（见下图）。

7 选择【编辑文字】选项

在左侧的椭圆上单击鼠标右键，在弹出的快捷菜单中选择【编辑文字】选项，在文本框中输入"交际"文本，并设置【加粗】样式（见下图）。

8 输入文本

同样，在另外两个椭圆形中分别输入"运动"和"音乐"文本（见下图）。

9 插入图片并调整图片大小和位置

单击【插入】选项卡【图像】选项组中的【图片】按钮，在弹出的【插入图片】对话框中打开"素材 \ch12"文件夹，插入"交际 .jpg""运动 .png"和"音乐 .png"图片，调整图片的大小和位置，最终效果如右栏图所示。

12.1.6 设计俄罗斯方块游戏幻灯片

设计俄罗斯方块游戏的动画的目的是，强调并展示出"我可能不是最耀眼的，但我相信我是最合适的！"这个主题。具体操作步骤如下。

第 1 步：绘制图形。

1 新建幻灯片

新建 1 张空白幻灯片（见下图）。

2 绘制游戏边框

使用形状工具绘制一个矩形框，并设置【形状轮廓】中的【主题颜色】为【黄色】，选择【粗细】为【3 磅】的线宽（见下图）。

3 绘制正方形框

使用形状工具绘制 1 个正方形框，

并连续复制粘贴 3 次，然后调整各个方框的位置，将 4 个方框组合为 1 个图形后如下图所示。

4 绘制其他图形

按上面的操作绘制其他图形，并分别设置样式和位置，如下图所示。

⑤ **添加文字**

分别在左侧和右侧添加文本框，并输入"Win!"和"我可能不是最耀眼的但我相信我是最合适的！"，并设置【字体颜色】为【白色】，如下图所示。

第2步：添加动画效果。

① **选择【其他动作路径】选项**

设置灰色"T"型图形动作路径。选择"T"型图形，单击【动画】选项卡【高级动画】选项组中的【添加动画】按钮，在弹出的下拉列表中选择【其他动作路径】选项，弹出【添加动作路径】对话框（见下图）。

② **选择【向下】选项**

选择【直线和曲线】区域中的【向下】选项，并单击【确定】按钮，在"T"型图形下方会出现路径线（见右栏图）。

③ **拖动小白点**

单击红色端的小白点，并向下拖动至幻灯片的下方（见下图）。

④ **选择【从上一项开始】选项**

单击【高级动画】选项组中的【动画窗格】按钮，在右侧的【动画窗格】窗格中单击此动画后的下拉按钮，在下拉列表中选择【从上一项开始】选项（见下图）。

⑤ **选择【闪烁】选项**

将下方的所有图形进行组合，然后按住【Ctrl】键并选择组合后的图形和上方的"T"型图形，单击【动画】选项卡【高级动画】选项组中【添加动画】按钮，在下拉列表中选择【更多强调效果】选项，在弹出的【添加强调效果】对话框中选择【闪烁】选项（见下图）。

6 设置第 2 个动画

单击【动画窗格】按钮，在右侧的【动画窗格】窗格中选择第 2 个动画并单击右侧下拉按钮，在弹出的快捷菜单中选择【计时】选项，弹出【闪烁】对话框。选择【计时】选项卡，在【开始】下拉列表中选择【上一动画之后】选项，设置【重复】为【3】，单击【确定】按钮（见下图）。

7 设置第 3 个动画

设置动画窗格中第 3 个动画的【开始】模式为【与上一动画同时】，设置【重复】为【3】，单击【确定】按钮（见右栏图）。

8 设置【缩放】动画

选择 "Win!" 文本框，在【动画样式】中选择【缩放】动画，并在【动画窗格】中设置开始模式为【从上一项之后开始】（见下图）。

9 添加【淡入】动画效果

选择右侧的两列文字，分别添加【淡入】动画效果，并设置最右列文字的【计时】参数如下图所示。

10 设置左列文字

设置左列文字的【计时】参数如右栏图所示。

12.1.7 设计结束页幻灯片

人力资源管理者阅读完此简历后，如果要联系此人，还需要返回首页查看联系方式。为了更加方便，在结束页加入递出名片的动画效果，再次展示联系方式。具体操作步骤如下。

1 新建幻灯片并输入标题

新建1张【仅标题】幻灯片，并输入标题内容，如下图所示。

2 选择要插入的图片

单击【插入】选项卡【图像】选项组中的【图片】按钮，在弹出的【插入图片】对话框中选择"素材\ch12\名片.gif"（见下图）。

3 插入图片

单击【插入】按钮，即可将图片插入到幻灯片中（见下图）。

4 组合文本框

绘制两个横排文本框，并输入姓名和联系方式，旋转文本框，使之与名片的方向一致。按住【Ctrl】键，依次选中"名片"图片和两个文本框对齐进行组合，如下图所示。

5 设置动画效果

选择组合图形，单击【动画】选项卡【高级动画】选项组中的【添加动画】按钮，在下拉列表中选择【其他动作路径】选项，在弹出的【添加动作路径】对话框中选择【对角线向右上】选项，单击【确定】按钮（见下图）。

6 查看效果

添加【对角线向右上】动画后结果如下图所示。

7 拖动红点

分别选择对角线上的红色圆点将它们拖到另一侧，如右栏图所示。

8 选择【反转路径方向】选项

选中组合图形，单击【动画】选项卡【动画】选项组中的【效果选项】按钮，在下拉列表的【路径】组中选择【反转路径方向】选项（见下图）。

9 设置持续时间

单击【动画】选项卡，在【计时】选项组中将【开始】设置为【与上一动画同时】，【持续时间】设置为【2】秒（见下图）。

10 最终效果图

至此，就完成了"个人简历"演示文稿的制作，最终效果如下图所示。

12.2 制作"公司产品宣传"演示文稿

本节视频教学时间 / 12 分钟

外出进行产品宣传，只有口头的描述很难让人信服，如果拿着产品进行宣传，太大的产品携带不便，太小的物品在进行宣传时，又难以让人看清，此时幻灯片将会起着重要的作用。

12.2.1 设计产品宣传首页和公司概况幻灯片

创建产品宣传演示文稿应从片头入手，片头主要应列出宣传报告的主题和演讲人等信息，接着展示公司基本情况。下面以制作龙马图书工作室产品宣传幻灯片为例讲述宣传首页幻灯片和公司概括幻灯片的制作方法。

1 设计幻灯片主题

启动 PowerPoint 2019 应用软件，单击【设计】选项卡【主题】选项组中的【其他】按钮，在弹出的下拉菜单中选择【浏览主题】选项，在弹出的选择对话框中选择"主题 .pptx"文件，单击【应用】按钮（见下图）。

2 效果图

结果如下图所示。

3 添加副标题

在【单击此处添加标题】文本框中输入"龙马图书工作室产品宣传"，在【单击此处添加副标题】文本框中输入"主讲人：孔经理"（见下图）。

4 新建幻灯片并输入内容

新建 1 张【标题和内容】幻灯片，并添加标题"公司概况"以及简介内容（见下图）。

12.2.2 设计公司组织结构幻灯片

对公司状况有了大致了解后，可以继续对公司进行进一步的说明，例如介绍公司的内部组织结构等。

1 新建幻灯片并输入标题

新建1张【标题和内容】幻灯片，并输入标题的名称"公司组织结构"（见下图）。

2 插入 SmartArt 图形

单击【插入】选项卡下【插图】选项组中的【SmartArt】按钮 SmartArt，弹出【选择 SmartArt 图形】对话框，选择【层次结构】区域中的【层次结构】选项，单击【确定】按钮（见下图）。

3 查看效果

完成层次结构图的插入，效果如右栏图所示。

4 修改结构图

选中第3行的所有形状，将其删除，效果如下图所示。

5 选择【在后面添加形状】选项

在第2行第2个形状上单击鼠标右键，在弹出的快捷菜单中选择【添加形状】➤【在后面添加形状】选项（见下图）。

6 查看效果

添加后的效果如下图所示。

7 添加形状并输入文本

重复步骤5，在第2行下面添加三个形状，然后在层次结构图中输入相关的文本内容，最终效果如下图所示。

12.2.3 设计公司产品宣传展示幻灯片

对公司有了一定了解后，就要看公司的产品了。通过制作产品图册来展示公司的产品，不仅清晰而且美观。

1 选择【新建相册】选项

单击【插入】选项卡【图像】选项组中的【相册】按钮，在弹出的下拉列表中选择【新建相册】选项（见下图）。

2 单击【文件／磁盘】按钮

弹出【相册】对话框，单击【文件／磁盘】按钮（见下图）。

3 选择图片文件

弹出【插入新图片】对话框，并选择创建相册所需要的图片文件（见下图）。

4 选择【图片版式】

单击【插入】按钮，返回【相册】对话框，在【相册版式】选项区域中选择【图片版式】为【2张图片】，勾选【图片选项】选项区域中的【标题在所有图片下面】复选框（见下页图）。

5 打开 PowerPoint 演示文稿

单击【创建】按钮，打开一个新的 PowerPoint 演示文稿，并且创建所需的相册（见下图）。

6 创建相册演示文稿

将新创建相册演示文稿中的第 2 ～ 4 张幻灯片复制至公司产品宣传展示幻灯片页面中，如右栏图所示。

7 隐藏背景图形

选中复制后的第 4 ～ 6 张幻灯片，单击【设计】选项卡【自定义】选项组中的【设置背景格式】按钮，在弹出的【设置背景格式】窗格中勾选【隐藏背景图形】复选框（见下图）。

8 调整大小和位置

隐藏背景图形，并对图片的大小和位置进行调整后如下图所示。

12.2.4 设计产品宣传结束页幻灯片

最后来进行结束页幻灯片页面的制作，具体操作步骤如下。

1 新建幻灯片

新建 1 张空白幻灯片（见下页图）。

2 选择要插入的图片

单击【插入】选项卡【图像】选项组中的【图片】按钮，弹出【插入图片】对话框，选择"闭幕图.jpg"图片（见下图）。

3 插入图片

单击【插入】按钮，将图片插入到幻灯片中并对插入的图片进行调整，使得插入的图片覆盖住整个背景（见下图）。

4 选择艺术字

单击【插入】选项卡【文本】选项组中的【艺术字】按钮，在弹出的下拉列表中选择【填充：白色；边框：橙色，主题色2；清晰阴影：橙色，主题色2】选项（见下图）。

5 输入艺术字

在插入的艺术字文本框中输入"谢谢观赏"文本内容，并设置【字号】为【100】，设置【字体】为【华文行楷】，最终效果如下图所示。

12.2.5 设计产品宣传幻灯片的转换效果

本节将对所做好的幻灯片进行页面切换时的效果转换设置，具体操作步骤如下。

1 选择【闪光】选项

选中第1张幻灯片，单击【切换】选项卡【切换到此幻灯片】选项组中的【其他】

按钮 ⏷，在弹出的下拉列表中选择【闪光】选项（见下图）。

2 选择【淡入 / 淡出】选项

选中第 2 张幻灯片，单击【切换】选项卡【切换到此幻灯片】选项组中的【其他】按钮 ⏷，在弹出的下拉列表中选择【淡入 / 淡出】选项（见下图）。

3 选择【涟漪】选项

选中第 3 张幻灯片，单击【切换】选项卡【切换到此幻灯片】选项组中的【其他】按钮 ⏷，在弹出的下拉列表中选择【涟漪】选项（见下图）。

4 选择【随机线条】选项

选中第 4 ~ 6 张幻灯片，单击【切换】选项卡【切换到此幻灯片】选项组中的【其他】按钮 ⏷，在弹出的下拉列表中选择【随机线条】选项（见下图）。

5 选择【擦除】选项

选中第 7 张幻灯片，单击【切换】选项卡【切换到此幻灯片】选项组中的【其他】按钮 ⏷，在弹出的下拉列表中选择【擦除】选项（见下图）。

6 保存文件

将制作好的幻灯片保存为"公司产品宣传 .pptx"（见下图）。

12.3 制作"中国茶文化 PPT"演示文稿

本节视频教学时间 / 20 分钟

中国茶历史悠久，现在已发展成了独特的茶文化。中国人饮茶，注重一个"品"字。"品茶"不但可以鉴别茶的优劣，还可以消除疲劳、振奋精神。本节就以中国茶文化为背景，制作一份"中国茶文化 PPT"演示文稿。

12.3.1 设计幻灯片母版和首页

在创建茶文化演示文稿时，首先设计一个个性的幻灯片母版，然后再创建茶文化演示文稿的首页。创建幻灯片母版和首页的具体操作步骤如下。

1 进入母版视图

启动 PowerPoint 2019，新建幻灯片，并将其保存为文件名为"中国茶文化 PPT.pptx"。单击【视图】选项卡【母版视图】选项组中的【幻灯片母版】按钮，并在左侧列表中单击第 1 张幻灯片（见下图）。

2 选择要插入的图片

单击【插入】选项卡下【图像】选项组中的【图片】按钮。在弹出的【插入图片】对话框中选择"素材 \ch12\ 图片 1.jpg"，单击【插入】按钮（见右栏图）。

3 插入图片并设置

将选择的图片插入幻灯片中，并根据需要调整图片的大小及位置。在插入的背景图片上单击鼠标右键，在弹出的快捷菜单中选择【置于底层】▶【置于底层】选项，将背景图片在底层显示（见下图）。

4 选择艺术字样式

选择标题框内文本，单击【格式】

选项卡下【艺术字样式】选项组中的【快速样式】按钮，在弹出的下拉列表中选择一种艺术字样式（见下图）。

5 设置文本格式

设置艺术字的【字体】为【华文行楷】、【字号】为【60】，并设置【文本对齐】为【居中对齐】（见下图）。

6 设置第2张幻灯片

在幻灯片母版视图中，在左侧列表中选择第2张幻灯片，选中【背景】选项组中的【隐藏背景图形】复选框，并删除文本框（见下图）。

7 插入图片并调整位置和大小

单击【插入】选项卡下【图像】选项组中的【图片】按钮，将"素材\ch12\图片2.jpg"插入到幻灯片中，并调整图片位置和大小（见下图）。

8 输入并调整艺术字

单击【幻灯片母版】选项卡中的【关闭母版视图】按钮，返回普通视图。删除副标题文本框，并在标题文本框处输入"中国茶文化"文本，调整艺术字的字号和颜色等（见下图）。

12.3.2 设计茶文化简介页面和目录

1 新建幻灯片并输入标题

新建【仅标题】幻灯片页面，在标题栏中输入"茶文化简介"文本（见下图）。

2 **复制素材文字**

打开"素材 \ch12\ 茶文化简介 .txt"，将其内容复制到幻灯片页面中，并调整文本框的位置、字体的字号和大小（见下图）。

3 **新建幻灯片并输入标题**

新建【标题和内容】幻灯片，输入标题"茶品种"（见下图）。

4 **选择【垂直曲形列表】**

单击内容文本框中的【插入 SmartArt 图形】按钮，在弹出的【选择 SmartArt 图形】对话框中选择【列表】中的【垂直曲形列表】（见下图）。

5 **插入 SmartArt 列表**

单击【确定】按钮，插入 SmartArt 列表后如下图所示。

6 **复制文本框**

选中【垂直曲形列表】中的文字文本框进行复制粘贴，如下图所示。

7 **输入相应的文字**

在文本框中输入相应的文字并对列表的大小进行调整（见下图）。

8 **更改 SmartArt 图形颜色**

选中【垂直曲形列表】，然后单击【设计】➤【更改颜色】➤【彩色范围 - 个性色 4 至 5】（见下页图）。

⑨ 查看效果

查看更改颜色后的效果，如下图所示。

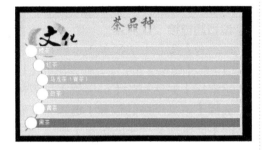

12.3.3 设计其他页面

① 新建幻灯片并输入标题

新建【标题和内容】幻灯片，输入标题"绿茶"（见下图）。

② 打开素材并复制素材文字

打开"素材 \ch12\ 茶种类 .txt"，将"绿茶"下的内容复制到幻灯片页面中，适当调整文本框的位置以及字体的字号和大小（见右栏图）。

③ 插入图片

单击【插入】选项卡下【图像】选项组中的【图片】按钮。在弹出的【插入图片】对话框中选择"素材 \ch12\ 绿茶 .jpg"文件，单击【插入】按钮，将选择的图片插入幻灯片中。选择插入的图片，并根据需要调整图片的大小及位置（见下图）。

④ 选择一种样式

选择插入的图片，单击【格式】选项卡下【图片样式】选项组中的【其他】按钮，在弹出的下拉列表中选择一种样式（见下图）。

⑤ **设置图片**

根据需要在【图片样式】选项组中设置【图片边框】【图片效果】及【图片版式】等（见下图）。

⑥ **重复操作**

重复步骤① ~ ⑤，分别设计红茶、乌龙茶、白茶、黄茶、黑茶等幻灯片页面（见下图）。

⑦ **新建幻灯片并设置内容**

新建【标题】幻灯片页面。插入艺术字文本框，输入"谢谢欣赏"文本，并根据需要设置字体样式（见下图）。

12.3.4 设置超链接

① **选择要创建超链接的文本**

在第3张幻灯片中选中要创建超链接的文本"绿茶"（见下图）。

② **设置超链接**

单击【插入】选项卡下【链接】选项组中的【链接】按钮，在弹出的【插入超链接】对话框的【链接到】列表框中选择【本文档中的位置】选项，在右侧的【请选择文档中的位置】列表框中选择【幻灯片标题】下方的【4. 绿茶】选项。单击【屏幕提示】按钮（见下图）。

③ **输入提示信息**

在弹出的【设置超链接屏幕提示】对话框中输入提示信息，单击【确定】按钮（见下图）。

4 添加超链接

返回【插入超链接】对话框，单击【确定】按钮即可将选中的文本链接到【绿茶】幻灯片，添加超链接后的文本以绿色、下画线字显示（见下图）。

5 创建其他超链接

使用同样的方法创建其他超链接（见下图）。

12.3.5 添加切换效果和动画效果

1 选择要添加切换效果的幻灯片

选择要设置切换效果的幻灯片，这里选择第1张幻灯片（见下图）。

2 添加【翻转】切换效果

单击【切换】选项卡下【切换到此幻灯片】选项组中的【其他】按钮，在弹出的下拉列表中选择【华丽】区域的【翻转】切换效果（见下图），即可自动预览该效果。

3 设置【持续时间】

在【切换】选项卡下【计时】选项组的【持续时间】微调框中设置【持续时间】为【1.5】秒（见下图）。

4 选择要创建动画效果的文字

选择第1张幻灯片中要创建进入动画效果的文字（见下图）。

5 选择【浮入】选项

单击【动画】选项卡【动画】选项组中的【其他】按钮，弹出如下图所示的下拉列表，在【进入】区域中选择【浮入】选项，创建进入动画效果。

6 设置动画效果

添加动画效果后，单击【动画】选项组中的【效果选项】按钮，在弹出的下拉列表【方向】组中选择【下浮】选项。在【动画】选项卡的【计时】选项组中设置【开始】为【与上一动画同时】，设置【持续时间】为【02.00】秒，【延迟】

为【0.25】秒（见下图）。

7 效果图

参照步骤 1 ~ 6 为其他幻灯片页面添加切换效果和动画效果（见下图）。

至此，就完成了"中国茶文化PPT"演示文稿的制作。

12.4 制作"花语集"演示文稿

本节视频教学时间 /24 分钟

不同的鲜花代表不同的意义，"花语集"演示文稿主要用于展示富有小资情调的内容，在生活性网站及产品中有广泛的应用。

12.4.1 完善首页和结束页幻灯片

在创建"花语集"演示文稿前，首先对素材文件中的首页和结束页幻灯片进行完善，具体操作步骤如下。

1 打开素材

单击打开"素材\ch12\花语集.pptx"，并选择第1张幻灯片（见右栏图）。

2 单击【图片】按钮

单击【插入】选项卡下【图像】选项组中的【图片】按钮（见下图）。

3 选择要插入的图片

在弹出的【插入图片】对话框中选择"素材 \ch12\ 蝴蝶 1.gif"，单击【插入】按钮（见下图）。

4 插入图片

此时，即可将图片插入到幻灯片中，调整图片的位置，效果如下图所示。

5 调整大小和位置

选择第 2 张幻灯片，单击【插入】选项卡【图像】选项组中的【图片】按钮，插入"素材 \ch12\ 蝴蝶 2.gif"，调整大小和位置，效果如下图所示。

12.4.2 创建玫瑰花部分幻灯片

玫瑰花部分幻灯片一共有两张，一张是玫瑰花的简介，另一张是玫瑰花花语。

1. 创建玫瑰花简介幻灯片

1 选择艺术字

新建 1 张空白幻灯片，单击【插入】选项卡【文本】选项组中的【艺术字】按钮，在弹出的列表中选择一种艺术字（见右栏图）。

2 调整文本框位置

在【请在此处放置您的文字】文本框中输入"花种一：玫瑰"，并调整文本框位置（见下图）。

3 插入文本框

插入一横排文本框后，输入玫瑰简介，如下图所示。

4 插入图片

单击【插入】选项卡【图像】选项组中的【图片】按钮，在弹出的【插入图片】对话框中插入"素材 \ch12\ 玫瑰 1.jpg"文件（见下图）。

5 调整图片大小和位置

调整图片大小和位置后，效果如

下图所示。

2. 创建玫瑰花花语幻灯片

1 新建空白幻灯片并插入图片

新建 1 张空白幻灯片，单击【插入】选项卡【图像】选项组中的【图片】按钮，插入"素材 \ch12\ 玫瑰 2.jpg"文件。调整图片大小和位置后，如下图所示。

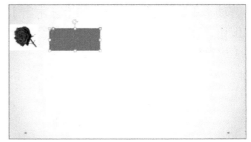

2 绘制对角圆角矩形

单击【插入】选项卡【插图】选项组中的【形状】下拉按钮，选择【矩形】列表中的【对角圆角矩形】选项，然后拖动鼠标绘制一个对角圆角矩形（见下图）。

3 选择主题样式

单击【绘图工具】➤【格式】选项卡中【形状样式】选项组中的【其他】按钮，在弹出的列表中单击选择一种样式（见下图）。

4 输入文字

在插入的形状上单击鼠标右键，在弹出的快捷菜单中选择【编辑文字】选项。在形状中输入文字，设置文字样式，调整形状大小和位置后，效果如下图所示。

5 绘制肘形箭头连接符

单击【插入】选项卡【插图】选项组中的【形状】下拉按钮，选择【线条】列表中的【肘形箭头连接符】选项，然后拖动鼠标绘制一个肘形箭头连接符（见下图）。

6 选择主题样式

单击【绘图工具】➤【格式】选项卡中【形状样式】选项组中的【其他】按钮，在弹出的列表中单击选择一种样式（见下图）。

7 输入文字

在形状上输入文字，并调整文字格式、形状大小和位置后，效果如下图所示。

8 插入图片

单击【插入】选项卡【图像】选项组中的【图片】按钮，插入"素材\ch12\玫瑰 5.jpg"文件。调整图片大小和位置后，效果如下图所示。

⑨ 插入其他图片和形状

重复插入操作，插入以下图片和形状，调整位置后，效果如下图所示。

⑩ 绘制心形

单击【插入】选项卡【插图】选项组中的【形状】下拉按钮，选择【基本形状】

列表中的【心形】选项，然后拖动鼠标，在幻灯片中绘制一个心形。单击【绘图工具】▶【格式】选项卡中【形状样式】选项组中的【其他】按钮，在弹出的列表中单击选择一种样式。最后单击【形状样式】选项组中的【形状效果】下拉按钮，在弹出的列表中设置形状效果（见下图）。

12.4.3 创建百合花部分幻灯片

百合花部分幻灯片一共有两张，一张是百合花的简介，另一张是百合花花语。

1. 创建百合花简介幻灯片

① 新建幻灯片并插入艺术字

新建1张空白幻灯片，单击【插入】选项卡【文本】选项组中的【艺术字】按钮，在弹出的列表中选择一种艺术字（见下图）。

② 调整文本框

在【请在此处放置您的文字】文本框中输入"花种二：百合"，并调整文本框位置（见右栏图）。

③ 插入文本框

插入一横排文本框后，输入百合简介，如下图所示。

4 插入图片

单击【插入】选项卡【图像】选项组中的【图片】按钮，在弹出的【插入图片】对话框中插入"素材 \ch12\ 百合 1.jpg"文件（见下图）。

5 调整图片大小和位置

调整图片大小和位置后，效果如下图所示。

2. 创建百合花花语幻灯片

1 新建幻灯片并插入图片

新建 1 张空白幻灯片，单击【插入】选项卡【图像】选项组中的【图片】按钮，插入"素材 \ch12\ 百合 2.jpg"文件。调整图片大小和位置后，如下图所示。

2 选择插入形状

单击【插入】选项卡【插图】选项组中的【形状】下拉按钮，选择【星与旗帜】列表中的【卷形：水平】选项（见下图）。

3 绘制横卷型形状并设置样式

拖动鼠标绘制一个横卷型形状。然后单击【绘图工具】➤【格式】选项卡中【形状样式】选项组中的【其他】按钮，在弹出的列表中单击选择一种样式（见下图）。

4 添加文字并调整

在形状中添加文字，调整形状大小和位置，效果如下页图所示。

12.4.4 创建郁金香部分幻灯片

郁金香部分幻灯片一共有两张，一张是郁金香的简介，另一张是郁金香花语。

1. 创建郁金香简介幻灯片

1 新建幻灯片并插入艺术字

新建 1 张空白幻灯片，单击【插入】选项卡【文本】选项组中的【艺术字】按钮，在弹出的列表中选择一种艺术字（见下图）。

2 调整文本框

在【请在此处放置您的文字】文本框中输入"花种三：郁金香"，并调整文本框位置（见下图）。

3 插入文本框

插入一横排文本框后，输入郁金香简介，如下图所示。

4 插入图片

单击【插入】选项卡【图像】选项组中的【图片】按钮，在弹出的【插入图片】对话框中插入"素材 \ch12\ 郁金香 1.jpg"文件（见下图）。

⑤ **调整图片大小和位置**

调整图片大小和位置后，效果如下图所示。

2. 创建郁金香花语幻灯片

① **新建幻灯片并插入图片**

新建 1 张空白幻灯片，单击【插入】选项卡【图像】选项组中的【图片】按钮，插入"素材\ch12\郁金香 2.jpg"文件。调整图片大小和位置后，如下图所示。

② **插入文本框**

单击【插入】选项卡【文本】选项组中的【文本框】选项中的【绘制横排文本框】（见下图）。

③ **输入文本内容**

在文本框中输入郁金香花语（见下图）。

④ **设置字体大小和样式**

设置字体大小和字体样式后，效果如下图所示。

12.4.5 创建牡丹部分幻灯片

牡丹部分幻灯片一共有两张，一张是牡丹的简介，另一张是牡丹花语。

1. 创建牡丹简介幻灯片

① **新建幻灯片并插入艺术字**

新建 1 张空白幻灯片，单击【插入】选项卡【文本】选项组中的【艺术字】按钮，在弹出的列表中选择一种艺术字（见下页图）。

2 调整文本框

在【请在此处放置您的文字】文本框中输入"花种四：牡丹"，并调整文本框位置（见下图）。

3 插入文本框

插入一横排文本框后，输入牡丹简介，如下图所示。

4 插入图片

单击【插入】选项卡【图像】选项组中的【图片】按钮，在弹出的【插入图片】对话框中插入"素材 \ch12\ 牡丹1.jpg"文件（见右栏图）。

5 调整图片大小和位置

调整图片大小和位置后，效果如下图所示。

2. 创建牡丹花语幻灯片

1 新建幻灯片并插入图片

新建 1 张空白幻灯片，单击【插入】选项卡【图像】选项组中的【图片】按钮，插入"素材 \ch12\ 牡丹 2.jpg"文件。调整图片大小和位置后，如下图所示。

2 选择【混凝土】选项

单击【绘图工具】➤【格式】选项卡

中【调整】选项组中的【艺术效果】下拉按钮，在弹出的列表中选择【混凝土】选项（见下图）。

③ 改变图片的艺术效果

改变图片的艺术效果后如下图所示。

④ 绘制云形标注

在【插入】选项卡【插图】选项组中的【形状】下拉列表中选择【云形标注】选项，绘制一个云形标注，如下图所示。

⑤ 添加文字

在云形图中添加牡丹的花语内容后，设置文字字体样式，然后调整云形图大小和位置，效果如下图所示。

12.4.6 添加动画效果和切换效果

所有幻灯片创建完成后，我们来给创建的幻灯片添加动画效果和切换效果。

① 选择【浮入】选项

切换到第 1 张幻灯片中，然后选中【花语集】文本框，单击【动画】选项卡【动画】选项组中的【其他】按钮，在弹出的动画效果列表中选择【进入】列表中的【浮入】选项（见右栏图）。

2 添加动画效果

使用同样方法，为幻灯片中所有元素添加动画效果（见下图）。

3 选择切换效果

选择第1张幻灯片，单击【切换】选项卡【切换到此幻灯片】选项组中的【其他】按钮，在弹出的切换效果列表中选择一种，例如，这里选择【推入】，单击即可将其应用到幻灯片上（见右栏图）。

4 为其他幻灯片设置切换效果

依次为其他幻灯片设置切换效果，设置后单击【保存】按钮即可（见下图）。

第 13 章

Office 2019 的协作与保护

本章视频教学时间 / 26 分钟

 重点导读

使用 Office 组件间的共享与协作进行办公，可以发挥 Office 办公软件的最大能力。本章主要介绍 Office 2019 组件共享与协作的相关操作。

学习效果图

13.1 Word 与 Excel 之间的协作

本节视频教学时间 / 3 分钟

在 Office 系列软件中，Word 与 Excel 之间相互共享及调用信息是比较常用的。

13.1.1 在 Word 中创建 Excel 工作表

在 Word 中可以直接创建 Excel 工作表，这样就可以免去在两个软件间来回切换的麻烦。

1 选择对象类型

打开 Word 软件，单击【插入】选项卡【文本】选项组中的【对象】按钮，弹出【对象】对话框，在【对象类型】列表框中选择【Microsoft Excel Worksheet】选项，然后单击【确定】按钮（见下图）。

2 输入数据

文档中就会出现 Excel 工作表的状态，同时当前窗口最上方显示的是 Excel 软件的功能区。直接在工作表中输入需要的数据即可（见下图）。

13.1.2 在 Word 中调用 Excel 图表

在 Word 中也可以调用 Excel 工作表或图表编辑数据，调用 Excel 图表的具体操作步骤如下。

1 单击【浏览】按钮

打开 Word 软件，单击【插入】选项卡【文本】选项组中的【对象】按钮，在弹出的【对象】对话框中选择【由文件创建】选项卡，单击【浏览】按钮（见右栏图）。

② 选择要插入的文件

在弹出的【浏览】对话框中选择需要插入的 Excel 文件，这里选择"素材 \ ch13\ 图表 .xlsx"文件，然后单击【插入】按钮（见下图）。

③ 插入 Excel 图表

单击【对象】对话框中的【确定】按钮，即可将 Excel 图表插入 Word 文档中（见右栏图）。

④ 调整图表位置及大小

插入 Excel 图表以后，可以通过工作表四周的控制点调整图表的位置及大小（见下图）。

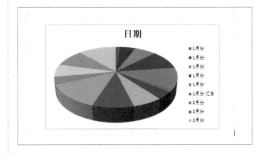

13.2 Word 与 PowerPoint 之间的协作

本节视频教学时间 / 4 分钟

Word 与 PowerPoint 之间的信息共享不是很常用，但偶尔也会需要在 Word 中调用 PowerPoint 演示文稿。

13.2.1 在 Word 中调用 PowerPoint 演示文稿

用户可以将 PowerPoint 演示文稿插入 Word 中编辑和放映，具体的操作步骤如下。

① 单击【浏览】按钮

打开 Word 软件，单击【插入】选项卡【文本】选项组中的【对象】按钮，在弹出的【对象】对话框中选择【由文件创建】选项卡，单击【浏览】按钮（见下页图）。

按钮，即可在文档中插入所选的演示文稿（见下图）。

② 选择要插入的文件

在打开的【浏览】对话框中选择需要插入的PowerPoint文件，这里选择"素材 \ch13\ 产品宣传 .pptx"，然后单击【插入】按钮（见下图）。

④ 调整演示文稿位置和大小

插入 PowerPoint 演示文稿以后，可以通过演示文稿四周的控制点来调整演示文稿的位置及大小，双击插入的演示文稿即可开始放映（见下图）。

③ 插入演示文稿

返回【对象】对话框，单击【确定】

13.2.2 在 Word 中调用单张幻灯片

根据不同的需要，用户也可以在 Word 中调用单张幻灯片，具体的操作步骤如下。

① 选择幻灯片并复制

打开"素材 \ch13\ 产品宣传 .pptx"文件，在演示文稿中选择需要插入 Word 中的单张幻灯片，然后单击鼠标右键，在弹出的快捷菜单中选择【复制】菜单项（见右栏图）。

② 粘贴幻灯片

切换到 Word 软件中，单击【开始】选项卡【剪贴板】选项组中的【粘贴】按钮下方的下拉按钮，在下拉菜单中选择【选择性粘贴】菜单项，弹出【选择性粘贴】对话框，单击选中【粘贴】单选项，在【形式】列表框中选择【Microsoft PowerPoint 幻灯片 对象】选项，然后

单击【确定】按钮即可。最终效果如下图所示。

13.3 Excel 与 PowerPoint 之间的协作

本节视频教学时间 / 7 分钟

Excel 与 PowerPoint 之间也可以进行信息的共享与调用。

13.3.1 在 PowerPoint 中调用 Excel 工作表

用户可以将在 Excel 中制作的工作表调到 PowerPoint 中放映，这样可以为讲解省去很多麻烦。

① 单击【对象】按钮

在打开的演示文稿中，单击【插入】选项卡【文本】选项组中的【对象】按钮（见下图）。

② 选择【Microsoft Excel Worksheet】选项

弹出【插入对象】对话框，选择【新建】选项列【对象类型】列表中的【Microsoft Excel Worksheet】选项，然后单击【确定】按钮（见右栏图）。

③ 进入编辑状态

返回到演示文稿界面中，即可插入 Excel 工作表并自动进入编辑状态（见下页图）。

4 输入数据

在工作表中输入数据，在其他位置处单击，即可完成插入 Excel 工作表的操作（见下图）。

5 插入文件

重新调出【插入对象】对话框，选择【由文件创建】选项，单击【浏览】按钮选择"素材 \ch13\ 考勤卡 .xlsx"然后单击【确定】按钮（见下图）。

6 查看效果

返回到演示文稿中，即可看到插入的工作表（见下图）。

13.3.2 在 PowerPoint 中调用 Excel 图表

用户也可以在 PowerPoint 中调用 Excel 图表，具体的操作步骤如下。

1 单击【对象】按钮

在打开的演示文稿中，单击【插入】选项卡【文本】选项组中的【对象】按钮（见下图）。

2 插入文件

弹出【插入对象】对话框，选择【由文件创建】选项，单击【浏览】按钮选择"素材 \ch13\ 公司月份销售表 .xlsx"后单击【确定】按钮（见下页图）。

3 调整图表位置和大小

返回到演示文稿中即可看到插入的图表,调整图表至合适位置、合适大小(见下图)。

4 查看放映效果

单击状态栏中的【幻灯片放映】按钮,查看插入图表后的放映效果(见下图)。

📢 提示

如果插入的图表显示不完整,可以双击进入编辑状态调整图表的显示效果。

13.3.3 在 Excel 中调用 PowerPoint 演示文稿

Excel 可以直接调用 PowerPoint 的整个演示文稿,也可以只调用单张幻灯片。

1 单击【对象】按钮

在打开的 Excel 2019 工作表中单击【插入】选项卡【文本】选项组中的【对象】按钮(见下图)。

2 选择要插入的文件

弹出【对象】对话框选择【由文件创建】选项卡,然后单击【浏览】按钮选择"素材\ch13\ 书法艺术 .pptx"文件(见右栏图)。

3 插入幻灯片

单击【确定】按钮,返回到 Excel 工作表中即可看到插入的幻灯片(见下页图)。

4 选择【编辑】选项

在插入的幻灯片上单击鼠标右键，在弹出的快捷菜单中选择【Presentation 对象】列表中的【编辑】选项（见下图）。

5 查看或编辑幻灯片

此时，即可进入幻灯片编辑状态，拖动向下滚动条，可以查看或编辑其他页幻灯片内容（见下图）。

6 放映幻灯片

退出编辑状态，在幻灯片上双击即可开始放映幻灯片（见下图）。

除了直接调用整个演示文稿外，也可以在 Excel 中调用单张幻灯片。

7 选择幻灯片并复制

打开"素材\ch13\书法艺术.pptx"文件。选择要调用的单张幻灯片，单击鼠标右键，在弹出的快捷菜单中选择【复制】选项（见下图）。

8 粘贴幻灯片

在 Excel 中选择【开始】选项卡【剪贴板】选项组中的【粘贴】按钮，在弹出的列表中选择【选择性粘贴】选项（见下页图）。

⑨ 选择【Microsoft PowerPoint 幻灯片对象】选项

弹出【选择性粘贴】对话框，选择【Microsoft PowerPoint 幻灯片对象】选项（见下图）。

⑩ 插入幻灯片

单击【确定】按钮返回到 Excel 工作表中，即可看到插入的幻灯片（见下图）。

 提示

双击插入的幻灯片即可开始放映。

13.4 Office 2019 的保护

本节视频教学时间 / 9 分钟

如果用户不想制作好的文档被别人查看或修改，可以将文档保护起来。常用的保护文档的方法有标记为最终状态、用密码进行加密、限制编辑等。

13.4.1 标记为最终状态

【标记为最终状态】选项可将文档设置为只读，以防止审阅者或读者无意中更改文档。在将文档标记为最终状态后，键入、编辑选项以及校对标记都会禁用或关闭，文档的【状态】属性会设置为【最终】。具体操作步骤如下。

① 打开素材

打开"素材 \ch13\ 食品营养报告 .pptx"文件（见下页图）。

2 选择【标记为最终状态】选项

单击【文件】选项卡，在打开的列表中选择【信息】选项，在【信息】区域单击【保护演示文稿】按钮，在弹出的下拉菜单中选择【标记为最终状态】选项（见下图）。

3 确定提示框

弹出【Microsoft PowerPoint】提示框，提示该文档将被标记为最终版本

并被保存，单击【确定】按钮（见下图）。

4 再次确定提示框

再次弹出【Microsoft PowerPoint】提示框，单击【确定】按钮（见下图）。

5 返回 PowerPoint 页面

返回 PowerPoint 页面，该文档即被标记为最终状态，以只读形式显示（见下图）。

> **提示**
> 单击页面上方的【仍然编辑】按钮，可以对文档进行编辑。

13.4.2 用密码进行加密

在 Microsoft Office 中，可以使用密码阻止其他人打开或修改文档、工作簿和演示文稿。用密码加密的具体操作步骤如下。

◼ 选择【用密码进行加密】选项

打开"素材 \ch13\ 食品营养报告 .pptx"文件，单击【文件】选项卡，在打开的列表中选择【信息】选项，在【信息】区域单击【保护演示文稿】按钮，在弹出的下拉菜单中选择【用密码进行加密】选项（见下图）。

◼ 设置密码

弹出【加密文档】对话框，输入密码，这里设置密码为"123456"，单击【确定】按钮（见下图）。

◼ 再次输入密码

弹出【确认密码】对话框，再次输入密码，单击【确定】按钮（见右栏图）。

◼ 对文档加密

此时就为文档使用密码进行了加密。在【信息】区域内显示已加密（见下图）。

◼ 打开文档时需输入密码

再次打开文档时，将弹出【密码】对话框，输入密码后单击【确定】按钮（见下图）。

◼ 打开文档

此时就打开了文档（见下页图）。

13.4.3 限制编辑

限制编辑是指控制其他人可对文档进行哪些类型的更改。限制编辑提供了三种选项：格式化限制可以有选择地限制格式编辑选项，用户可以单击其下方的【设置】进行格式选项自定义；编辑限制可以有选择地限制文档编辑类型，包括【修订】【批注】【填写窗体】以及【不允许任何更改（只读）】；启动强制保护可以通过密码保护或用户身份验证的方式保护文档，此功能需要信息权限管理（IRM）的支持。为文档添加限制编辑的具体操作步骤如下。

1 选择【限制编辑】选项

打开"素材 \ch13\ 招聘启事 .docx"文件，单击【文件】选项卡，在打开的列表中选择【信息】选项，在【信息】区域单击【保护文档】按钮，在弹出的下拉菜单中选择【限制编辑】选项（见下图）。

2 设置限制条件

在文档的右侧弹出【限制编辑】窗格，单击选中【仅允许在文档中进行此类型的编辑】复选框，单击【不允许任何更改（只读）】文本框右侧的下拉按钮，在弹出的下拉列表中选择允许修改的类型，这里选择【不允许任何更改（只读）】选项（见下图）。

3 单击【是，启动强制保护】按钮

单击【限制编辑】窗格中的【是，启动强制保护】按钮（见下图）。

4 设置密码

弹出【启动强制保护】对话框，在对话框中单击选中【密码】单选项，输入新密码及确认新密码，单击【确定】按钮（见下图）。

提示

如果单击选中【用户验证】单选项，已验证的所有者可以删除文档保护。

5 添加限制编辑

此时就为文档添加了限制编辑。当阅读者想要修改文档时，在文档下方显示【由于所选内容已被锁定，您无法进行此更改】字样（见下图）。

招聘单位	XX 科技公司
招聘职位	行政助理
专业要求	行政管理相关专业
学历要求	大专及以上学历
性别要求	男女不限

由于所选内容已被锁定，您无法进行此更改。

6 取消限制编辑

如果用户想要取消限制编辑，在【限制编辑】窗格中单击【停止保护】按钮即可（见下图）。

13.4.4 限制访问

限制访问是指通过使用 Microsoft Office 2019 中提供的信息权限管理（IRM）来限制对文档、工作簿和演示文稿中的内容的访问权限，同时限制编辑、复制和打印。用户通过对文档、工作簿、演示文稿和电子邮件等设置访问权限，可以防止未经授权的用户打印、转发和复制敏感信息，以保证文档、工作簿、演示文稿等的安全。

设置限制访问的方法是：单击【文件】选项卡，在打开的列表中选择【信息】选项，在【信息】区域单击【保护文档】按钮，在弹出的下拉菜单中选择【限制访问】选项（见下页图）。

13.4.5　数字签名

数字签名是电子邮件、宏或电子文档等数字信息上的一种经过加密的电子身份验证戳，用于确认宏或文档来自数字签名本人且未经更改。添加数字签名可以确保文档的完整性，从而进一步保证文档的安全。用户可以在 Microsoft 官网上获得数字签名。

添加数字签名的方法是：单击【文件】选项卡，在打开的列表中选择【信息】选项，在【信息】区域单击【保护文档】按钮，在弹出的下拉菜单中选择【添加数字签名】选项（见下图）。

技巧 ● 取消文档保护

用户对 Office 文件设置保护后，还可以取消保护。取消保护包括取消文件最终标记状态、删除密码等。

1.取消文件最终标记状态

取消文件最终标记状态的方法是:打开标记为最终状态的文档,单击【文件】选项卡,在打开的列表中选择【信息】选项,在【信息】区域单击【保护演示文稿】按钮,在弹出的下拉菜单中选择【标记为最终状态】选项即可取消最终标记状态(见下图)。

2.删除密码

对 Office 文件使用密码加密后还可以删除密码,具体操作步骤如下。

1 单击【浏览】按钮

打开设置密码的文档。单击【文件】选项卡,在打开的列表中选择【另存为】选项,在【另存为】区域单击【浏览】按钮(见下图)。

2 选择【常规选项】选项

打开【另存为】对话框,选择文件的另存位置,单击【另存为】对话框下方的【工具】按钮,在弹出的下拉列表中选择【常规选项】选项(见下图)。

3 删除密码

打开【常规选项】对话框,在该对话框中显示了打开文件时的密码,删除密码,单击【确定】按钮(见下图)。

4 保存文档

返回【另存为】对话框,单击【保存】按钮。另存后的文档就已经删除了密码(见下页图)。

提示

用户也可以再次选择【保护演示文稿】中【用密码加密】选项，在弹出的【加密文档】对话框中删除密码，单击【确定】按钮即可删除文档设定的密码。

第 14 章

Office 跨平台应用——使用手机移动办公

本章视频教学时间 / 21 分钟

🎧 重点导读

掌握将办公文件传入到移动设备中的方法，学会使用不同的移动设备协助办公。

📖 学习效果图

14.1 第一时间收到客户邮件

本节视频教学时间 / 4分钟

在移动办公中，邮件是办公中最常用的沟通工具之一，通过电子邮件可以发送文字信件，还可以以附件的形式发送文档、图片、声音等多种类型的文件，也可以接收并查看其他用户发送的邮件。本节以 QQ 邮箱为例介绍在手机中配置邮箱，以便用户第一时间收到客户邮件。

1. 添加邮箱账户

在 QQ 邮箱中，用户可以添加多个邮箱账户，具体操作步骤如下。

1 添加邮箱类型

首先下载 QQ 邮箱，并安装。打开 QQ 邮箱，进入【添加账户】界面。选择要添加的邮箱类型，这里选择【QQ 邮箱】选项（见下图）。

2 单击【手机 QQ 授权登录】按钮

进入【QQ 邮箱】界面，单击【手机 QQ 授权登录】按钮，可以直接使用手机正在使用的 QQ 账户对应的邮箱（见下图）。

> **提示**
> 单击【账号密码登录】链接，可以使用其他的 QQ 账号和密码登录邮箱，如下图所示，输入账号和密码，单击【登录】按钮即可。

3 单击【登录】按钮

系统自动识别手机正在使用的 QQ 账号和密码，单击【登录】按钮（见下图）。

4 选择【设置】选项

在弹出的界面中单击【完成】按钮，即可进入邮箱主界面。如果要同时添加多个邮箱账户，可以单击邮箱主界面右上角的 ⋮ 按钮，在弹出的下拉列表中选择【设置】选项（见下图）。

5 单击【添加账户】按钮

进入【设置】界面，单击【添加账户】按钮（见下图）。

6 选择要添加的账户类型

进入【添加账户】界面，选择要添加的账户类型，这里选择【Outlook】选项（见下图）。

7 登录 Outlook

进入【Outlook】界面，输入 Outlook 的账户和密码，单击【登录】按钮（见下图）。

8 设置完成

登录成功后，可根据需要设置头像和昵称，设置完成后单击【完成】按钮（见下页图）。

9 查看效果

此时，即可同时登录两个不同类型的邮箱账户，实现同时管理多个邮箱的操作（见下图）。

2. 设置主账户邮箱

如果添加多个邮箱，默认情况下第一次添加的邮箱为主账户邮箱，用户也可以根据需要将其他邮箱设置为主账户邮箱。设置主账户邮箱的具体操作步骤如下。

1 进入【设置】界面

接着上面的内容继续操作，在【邮箱】界面中单击右上角的 ⋮ 按钮，在弹出的下拉列表中选择【设置】选项，进入【设置】界面，在要设置为主账户的邮箱上单击（见下图）。

2 设置主账户

进入该账户邮箱界面，单击【设为主账户】按钮，即可将该账户设置为主账户（见下图）。

14.2 及时妥当地回复邮件

本节视频教学时间 / 2 分钟 🎬

邮箱配置成功后，就可以编辑并发送邮件了。邮件的编辑和发送步骤简单，这里就不再介绍了。本节主要以 Outlook 邮箱为例，介绍当收到他人发送的邮件时，如何进行查看并回复邮件。具体操作步骤如下。

1 选择要查看的邮箱

进入【邮箱】界面后，可以看到在对应的邮箱账户后面，显示接收到的邮件数量。选择要查看的邮箱，这里选择【Outlook 的收件箱】选项（见下图）。

2 单击要查看的邮件

此时，即可看到接收到的邮件，单击要查看的邮件（见右栏图）。

3 查看邮件详细信息

在打开的界面中即可显示详细邮件信息。附件内容将会显示在最下方，如果要查看附件内容，可以直接在附件上单击（见下页图）。

4 查看附件内容

此时，即可打开该附件，用户可以选用常用的 Office 应用打开并编辑文档（见下图）。

6 单击【回复】按钮

在弹出的界面中单击【回复】按钮（见下图）。

5 单击底部的 ← 按钮

返回邮件信息界面，如果要回复邮件，可以单击底部的 ← 按钮（见右栏图）。

7 单击【发送】按钮

进入【回复邮件】界面，输入要回复的内容，单击【发送】按钮即可（见下页图）。

14.3 邮件的转发和抄送

本节视频教学时间 / 1 分钟

收到邮件后，如果需要将邮件发送给其他人，可以使用转发邮件功能，具体操作步骤如下。

1 单击【转发】按钮

在收到邮件之后，进入查看邮件界面，单击底部的按钮 ←，在弹出的界面中单击【转发】按钮（见下图）。

2 输入收件人地址

进入【转发】界面，在【收件人】栏中输入收件人的地址（见右栏图）。

3 单击【发送】按钮

在【抄送 / 密送】处单击，在【抄送】栏中输入主管的邮件地址，单击【发送】按钮，即可在将该邮件转发给收件人的同时抄送给主管（见下页图）。

14.4 编辑 Word/Excel/PowerPoint 附件

本节视频教学时间 / 8 分钟

微软推出了支持 Android 系统、iOS 系统以及 Windows Phone 系统的 Microsoft Office Mobile 软件，包括 Microsoft Word、Microsoft Excel 和 Microsoft PowerPoint 等各个组件。用户只需要安装 Microsoft Office Mobile 软件，就可以查看并编辑 Word 文档、Excel 表格、PowerPoint 演示文稿。本节以支持 Android 系统的 Microsoft Office Mobile 为例，介绍如何在手机上修改 Word 文档、制作销售报表，以及制作演示文稿。

1. 使用移动设备修改文档

1 打开素材

下载并安装 Microsoft Office Mobile 软件。将"素材 \ch14\ 工作报告 .docx"文档存入电脑的 OneDrive 文件夹中。同步完成后，在手机中使用同一账号登录 Microsoft Office Mobile，在【最近】列表中即可看到上传的文档，找到"工作报告"文档并单击，即可使用 Microsoft Office Mobile 打开该文档（见右栏图）。

2 编辑文档

打开文档，单击界面上方的 ▣ 按钮，全屏显示文档，然后单击【编辑】按钮 ⚙，进入文档编辑状态，选择标题文本，单击【开始】面板中的【倾斜】按钮，使标题以斜体显示（见下图）。

3 添加底纹

单击【突出显示】按钮，可自动为

标题添加底纹，突出显示标题（见下图）。

4 插入表格

单击【开始】面板，在打开的列表中选择【插入】选项，切换至【插入】面板。此外，用户还可以打开【布局】【审阅】以及【视图】面板进行操作。进入【插入】面板后，选择要插入表格的位置，单击【表格】按钮（见下图和下页图）。

⑤ 输入表格内容

完成表格的插入，单击▾按钮，隐藏【插入】面板，选择插入的表格，在弹出的输入面板中输入表格内容（见下图）。

⑥ 选择表格样式

再次单击【编辑】按钮，进入编辑状态，选择【表格样式】选项，在弹出的【表格样式】列表中选择一种表格样式（见下图）。

⑦ 查看效果

此时，即可看到设置表格样式后的效果。此时，文档已自动保存，这就完成了文档的修改（见下页图）。

阶段，流动资产一直在紧缩，财政赤字一直在增加。因此，公司在 2019 年底出现了严重的亏损。明年的营业利润将会受到严重的影响。

地区	年份	销量
华北	2019	15.6 亿元
华中	2019	24.5 亿元

三、行政管理

公司从今年 3 月份开始陆续招聘职员，同时也不断地对内部职员进行调整和更换各个职务，尽力调配适合各个职员的职位。职员也尽力发挥自己的本身优势，努力为公司做出更大的服务及贡献。

B I U ⊘ A ☰

8 返回页面视图

再次单击界面上方的 圖 按钮，即可返回页面视图，效果如下图所示。

2. 使用移动设备制作销售报表

1 打开素材并插入函数

将"素材 \ch14\ 销售报表 .xlsx"文档存入电脑的 OneDrive 文件夹中。同步完成后，在手机中使用同一账号登

录并打开 OneDrive，单击"销售报表"表格，即可使用 Microsoft Excel 打开该工作簿，选择 D3 单元格，单击【插入函数】按钮 fx，输入"="，然后将选择函数面板折叠（见下图）。

2 计算结果

按【C3】单元格，并输入"*"，然后再按【B3】单元格，单击 ✓ 按钮，即可得出计算结果。使用同样的方法计算其他单元格中的结果（见下页图）。

3 计算总销售额

选中 E3 单元格，单击【编辑】按钮 ，在打开的面板中选择【公式】面板，选择【求和】公式，并选择要计算的单元格区域，单击 按钮，即可得出总销售额（见右栏图）。

4 插入图表

选择任意一个单元格，单击【编辑】按钮 。在底部弹出的功能区选择【插入】▶【图表】▶【柱形图】按钮，选择插入的图表类型和样式，即可插入图表（见下页图）。

3. 使用移动设备制作 PPT

1 选择【PowerPoint】选项

打开 Microsoft Office Mobile 软件，进入主界面，单击【新建】按钮，在弹出的下拉列表中选择【PowerPoint】选项（见下图）。

5 调整图表位置和大小

如下图即可看到插入的图表，用户可以根据需求调整图表的位置和大小（见右栏图）。

2 选择幻灯片模板

进入【新建】界面，可以根据需要创建空白幻灯片，也可以选择下方的模板创建幻灯片。这里选择【主要事件】

选项（见下图）。

3 创建幻灯片并单击【编辑】按钮

此时，即可开始下载模板，下载完成，将自动创建一个空白幻灯片，单击空白幻灯片，在弹出的快捷菜单中，单击【编辑】✐按钮（见下图）。

4 输入标题

此时，即可进入幻灯片的编辑状态，

双击标题文本框，输入标题"销售报告"（见下图）。

5 输入副标题并返回

使用同样的方法，输入副标题"销售一部"。然后单击界面左上角的【返回】按钮←（见下图）。

6 新建幻灯片

在此界面中单击右上角的【新建】按钮➕，即可新建一张空白幻灯片。双击新建的幻灯片（见下页图）。

7 删除标题文本框

进入编辑状态，单击标题文本框，在弹出的快捷菜单中选择【删除】选项（见下图）。

8 删除副标题文本框

此时即可将文本框删除，使用同样的方法删除副标题文本框。然后单击底部的【图片】按钮（见右栏图）。

9 输入图片并设置

在弹出的界面中选择要插入的图片，即可完成图片的插入。然后单击底部的按钮，设置图片的样式，设置完成后的效果如下图所示。单击【返回】按钮（见下图）。

10 单击【菜单】按钮

此时，即可看到制作的演示文稿。单击界面左上角的【菜单】按钮（见下页图）。

11 选择【保存】选项

在弹出的界面左侧列表中选择【保存】选项（见下图）。

12 选择【重命名此文件】选项

进入【保存】界面，选择【重命名

此文件】选项（见下图）。

13 保存演示文稿

输入文件的名称，然后单击空白处，退出编辑状态，即可完成演示文稿的保存（见下图）。

14.5 使用手机高效地进行时间管理

本节视频教学时间 / 3 分钟

在手机中可以建立工作任务清单，并设置提醒时间，从而能够在有限的时间里合理安排工作任务，提高工作效率。本节就以"印象笔记"为例，来介绍如何进行时间的管理。

1 使用"印象笔记"

首先下载并安装印象笔记软件，注册账户，进入【所有笔记】界面，单击界面左上角的【菜单】按钮（见下图）。

2 选择【笔记本】选项

在弹出的界面左侧列表中选择【笔记本】选项（见下图）。

3 单击【新建】按钮

进入【笔记本】界面，单击界面左上角的【新建】按钮（见下图）。

4 输入名称

弹出【新建笔记本】界面，输入名称，单击【好】按钮（见下图）。

5 选择【文字笔记】选项

新建一个笔记本，然后单击界面右下角的 ⊕ 按钮，在弹出的快捷菜单中选择【文字笔记】选项（见下图）。

6 完成创建

在进入的界面中根据需要输入笔记标题和内容，输入完成后，单击左上角的【完成】 ✓ 按钮，即可完成笔记的创建（见下图）。

7 设置提醒

单击手机上的返回键，即可看到创建的笔记。此时还可以为笔记设置提醒时间，在要设置提醒时间的笔记上单击（见下图）。

8 选择【设置日期】选项

在弹出的界面中单击 ⏰ 按钮，在弹出的下拉列表中选择【设置日期】选项（见下图）。

9 设置日期和时间

在弹出的界面中设置日期和时间，设置完成后单击【保存】按钮（见下图）。

10 查看效果

此时，即可完成时间的提醒设置。使用同样的方法创建多条任务，效果如下图所示。

 高手私房菜

技巧 1 ● 使用邮箱发送办公文件

使用手机、平板电脑可以将编辑好的文档发送给领导或者好友，这里以手机发送 PowerPoint 演示文稿为例进行介绍。

1 单击【菜单】按钮

演示文稿制作完成后，单击界面左上角的【菜单】按钮 ☰（见右栏图）。

2 选择【共享】选项

在弹出的界面左侧列表中选择【共享】选项（见下图）。

3 单击【OneDrive- 个人】按钮

在弹出的【共享】界面中单击【OneDrive- 个人】按钮（见下图）。

4 选择【以链接形式共享】选项

在进入的界面中选择【以链接形式共享】选项（见右栏图）。

5 选择【"编辑"链接】选项

进入【以链接形式共享】界面，选择【"编辑"链接】选项（见下图）。

6 选择【发送给好友】选项

在弹出的链接形式列表中选择【发送给好友】选项（见下页图）。

7 发送演示文稿

在打开的 QQ 界面中选择要共享的好友，弹出【发送给】界面，单击【发送】按钮，即可完成演示文稿的发送（见下图）。

技巧 2 ● 使用语音输入提高手机上的输入效率

在手机中输入文字，既可以使用打字输入也可以手写输入，但通常打字较慢，使用语音输入可以提高在手机上的输入效率。下面以搜狗输入法为例，介绍如何进行语音输入。

1 新建空白备忘录

在手机中打开备忘录，创建一个空白备忘录界面（见下图）。

2 进行语音输入

在输入法面板上长按【Space】键，出现【倾听中，松手结束】面板后即可进行语音输入（见下图）。

3 显示输入文字

输入完成后，即可在面板中显示输入的文字，如下图所示。

4 根据需要选择语种

此外，单击【普】按钮，即可打开【语种选择】面板，用户可根据需要进行选择（见下图）。